TUBING
KUAISU ZHENZHI
SHICAO TUJIE

养殖致富攻略

兔病

快速诊治

实操图解

任克良 编著

U0238960

中国农业出版社
北　京

图书在版编目（CIP）数据

兔病快速诊治实操图解/任克良编著 . —北京：
中国农业出版社，2018.10
（养殖致富攻略）
ISBN 978 - 7 - 109 - 24052 - 0

Ⅰ.①兔…　Ⅱ.①任…　Ⅲ.①兔病－诊疗－图谱
Ⅳ.①S858.291-64

中国版本图书馆 CIP 数据核字（2018）第 075389 号

中国农业出版社出版
（北京市朝阳区麦子店街 18 号楼）
（邮政编码 100125）
责任编辑　郭永立　周晓艳

北京中兴印刷有限公司印刷　　新华书店北京发行所发行
2018 年 10 月第 1 版　　2018 年 10 月北京第 1 次印刷

开本：720mm×960mm　1/16　印张：15.25
字数：250 千字
定价：45.00 元
（凡本版图书出现印刷、装订错误，请向出版社发行部调换）

前　言

近年来，我国家兔养殖业正在由传统的零散饲养方式向规模化、集约化和标准化方向发展，但随之带来的是兔群疾病，尤其是群发性疾病发生率有所上升，同时还出现了一些少见的疾病和新病，这严重制约着兔业的健康发展和经济效益的提高。为此，提高广大养兔从业者兔病诊治的知识水平与实际操作技能，保障兔群安全生产十分重要、迫切。

为满足养兔从业者快速、准确地诊治兔病需求，应中国农业出版社之邀，笔者根据多年研究成果和实践经验，参考国内外学者最新研究成果，编写了《兔病快速诊治实操图解》。

本书系统地介绍了兔病基础知识、兔场管理与疾病防控、兔场常用药物、生物制剂、兔病诊治常规方法和技术及兔病防制技术等内容。其中兔病诊断思路首次采用以临床表现、剖检特点为线索，使广大养殖者能够迅速查找所发生疾病的种类，并采取有效的防控措施，把疾病造成的损失降到最低。本书以家兔常见 60 种疾病为主，每种病重点介绍了病原（或病因）、流行特点、典型症状、病理特征、诊断要点、防制措施和诊治注意事项等，同时选配了典型症状、病理变化等照片近 300 幅。

本书中许多内容是笔者在实施国家兔产业技术体系（CARS-43）、山西省科技厅攻关（201703D221024-4）和山西省农业科学院（YYS1714，YGG17902）等项目中取得的。本书编写和出版，得到了秦应和、陈怀涛、谷子林、鲍国连、薛家宾、索勋等专家，山西省农科院畜牧兽医研究所养兔研究室同仁，以及中国农业出版社的大力支持，在此一并表示感谢。

本书得到国家兔产业技术体系项目（CARS-43）的资助。

尽管笔者为本书的编写做了不少的努力，但因时间仓促和水平有限，其中难免存在缺点和错误，恳请广大读者提出批评意见，以便再版时进行修订，使本书日臻完善。

任克良

2018年1月于山西太原

目 录

一、兔病基础知识

目标
- 了解兔病发生的原因
- 了解家兔疾病发生的特点
- 掌握发生传染病的应急处理措施

家兔体型小，抗病力差，一旦患病往往来不及治疗或治疗费用高。为此，生产中应严格遵循"预防为主，防重于治"的原则，根据家兔的生物学特性，依据家兔发病规律，采取兔病综合防控技术措施，保障兔群健康，提高养兔经济效益。

（一）兔病的发生原因

兔病是机体与外界致病因素相互作用而产生的损伤与抗损伤的复杂的斗争过程。在这个过程中，机体对环境的适应能力降低，家兔的生产能力下降。

兔病发生的原因一般可分为外界致病因素和内部致病因素。

1.外界致病因素

是指家兔周围环境中的各种致病因素，包括生物性致病因素①、化学性致病因素②、物理性致病因素③、机械

①生物性致病因素 包括各种病原微生物（细菌、病毒、真菌、螺旋体等）和寄生虫（如原虫、蠕虫等）。主要引起传染病、寄生虫病及某些中毒病及肿瘤等。

②化学性致病因素 主要有强酸、强碱、重金属盐类、农药、化学毒物、氨气、一氧化碳、硫化氢等化学物质。这些物质可引起兔的中毒性疾病。

③物理性致病因素 指炎热、寒冷、电流、光照、噪音、气压、湿度和放射线等诸多因素。有些可直接致病，有些可诱发其他疾病，如炎热而潮湿的环境容易中暑。

①机械性致病因素 是指机械力的作用。有的来自外界，如击打、碰撞等；有的来自体内，如肿瘤、寄生虫、肾结石、毛球和其他异物等，这些均可造成机体损伤。

②其他因素 如蛋白质、糖、脂肪、矿物质、维生素、激素、氧气和水等，供给不足或过量，或是体内产生不足或过多，也都能引起疾病。

性致病因素①和其他因素②。此外，应激因素在疾病发生上的意义也日益受到重视。

2.内部致病因素

是指兔体对外界致病因素的感受性和抵抗力。兔对致病因素的易感性和防御能力与机体的免疫状态、遗传特性、内分泌状态、年龄、性别和兔的品种等因素有关。

（二）兔病发生的特点

与其他动物相比，家兔疾病的发生、发展和防治不同，有其如下特点。

1.机体弱小，抗病力差

与其他动物相比，家兔体小，抗病力差，容易患病，治疗不及时死亡率高。同时由于单只家兔经济价值较低，因此在生产中必须贯彻"预防为主，防重于治"的方针，同时及早发现，及时隔离治疗或淘汰。

2.消化道疾病发生率较高

家兔腹壁肌肉较薄，且腹壁紧着地面，若所处环境温度低，则会导致腹壁着凉。受冷刺激时，肠蠕动加快，特别容易引起消化机能紊乱，容易产生腹泻，继而感染大肠杆菌、魏氏梭菌等疾病。为此，应保持家兔所在环境温度相对恒定。

3.消化道菌群易受饲养管理影响而致兔发病

家兔属小型草食动物，拥有类似与牛、羊等反刍动物瘤胃功能的盲肠，其对饲草、饲料的消化主要靠盲肠微生物的发酵来完成（图1-1）。因此，保持盲肠内微生物区系的相对恒定，是降低消化道疾病发生率的关键，生产中要坚持"定时、定量、定质，更换饲料要逐步进行"的原则。治疗家兔疾病时应慎重使用抗生素，同时注意给药方法。使用一种新的抗生素时要先做小试，同

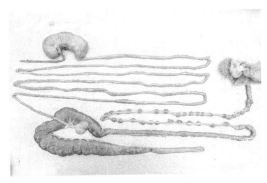

图1-1　家兔消化系统

时给药方式以注射方式为宜，注意用药时间、用药剂量等。

4.大兔耐寒怕热，小兔怕冷　高温季节要注意防止中暑，小兔要保持适宜的舍温。

5.疾病多发　一些疾病多发，如创伤性脊椎骨折、脚皮炎等。在生产中要避免让兔受惊，选择脚毛丰满的个体作为种兔。

6.抗应激能力差　气候、环境、饲料配方、饲喂量等突然变化，往往极易导致家兔发生疾病。因此，在生产的各个环节要尽量减少各种应激，以保障兔群健康。

（三）兔病的分类

根据兔病发生的原因可将兔病分为传染病、寄生虫病、普通病和遗传病等四类。

1.传染病

是指由致病微生物（即病原微生物）侵入机体而引起的具有一定潜伏期和临床表现，并能够不断传播给其他兔的疾病。兔常见的传染病有病毒性传染病、细菌性传染病和真菌性传染病三类。

2.寄生虫病

是由各种寄生虫侵入机体内部或侵害体表而引起的

疾病。兔常见的寄生虫病有原虫病、蠕虫病和外寄生虫病等三类。

3.普通病

是由一般性致病因素引起的疾病。兔普通病常见的病因有创伤、冷、热、化学毒物和营养缺乏等。临床上，常见的兔普通病有营养代谢病，中毒性疾病，内、外科及其他病等。

4.遗传病

是指由于遗传物质变异而对动物个体造成有害影响，表现为身体结构缺陷或功能障碍，并且这种现象能按一定遗传方式传递给其后代的疾病，如短趾、八字腿、白内障、牛眼等。

（四）传染病的发生、流行和防制措施

由特定的病原微生物引起，具有一定的潜伏期和临床症状，并具有传染性的疾病称传染病。传染病对家兔的危害巨大，防治传染病发生是兔场疫病防治的中心工作。根据兔传染病的发生、发展规律，采取相应的措施，对做好防疫工作具有十分重要的意义。

1.传染病的特征

（1）由特定的病原微生物引起，如细菌、病毒、真菌、螺旋体等。

（2）有传染性和流行性。

（3）患传染病的兔体一般都有特异性反应。

（4）一般都具有特征性临床症状。

（5）耐过兔通常都能获得一定时期的特异性保护力。

2.传染病的流行过程

需要三个基本条件，即传染源、传播途径和易感动物。

（1）传 染 源 是指病原体在其中寄居、生长、繁殖

并能将其不断排出体外的动物。病兔及隐性感染兔都是重要的传染源。传染源及其排出的活的病原体所在地称疫源地。病原体从传染源排出后，可以停留在饲料、饮水、用具、地面、排泄物、产仔箱及兔毛等处，并存活一段时间。疫源地内存活的病原体侵入健康兔则会导致传染病的传播。

（2）传播途径　是病原体从病兔体内排出后，侵入健康兔体内所经过的器官和路径。

（3）易感动物　指对某种病原体有易感性而容易发生传染病的动物。

传染源、传播途径和易感动物既是传染病发生的必要条件，又是传染病流行中不可缺少的三大环节，缺少任何一个环节，则流行就不会发生。同样，流行开始后，打断其中任何一个环节，流行即告终止。因此，在养兔实践中如果采取消灭传染源和疫源地、切断传播途径、增强兔的抵抗力等防疫措施，就能预防和扑灭兔的传染病。

3.传染病防制措施

（1）检疫　检疫是预防家兔疫病发生，防止动物疫病扩散蔓延，以及防止疫病传入、传出的重要措施。

（2）免疫接种　是给家兔接种免疫原(菌苗、疫苗、类毒素)或免疫血清(抗细菌、抗病毒、抗毒素)，使其机体自身产生或被动获得特异性免疫力，是预防和治疗传染病的一种手段。家兔常用的疫（菌）苗有兔瘟疫苗、魏氏梭菌疫苗、大肠杆菌疫苗、巴氏杆菌疫苗、波氏杆菌疫苗、葡萄球菌疫苗等。

（3）药物预防　大群化学药物预防和治疗是防疫的一个新途径，某些疫病在具有一定条件时，采用此种方法可收到显著的效果，如饲料中添加绿色饲料添加剂——益生素可以预防大肠杆菌等疾病。

4.发生传染病应采取的应急处理措施

兔场一旦发生传染病或疑似传染病时，必须按照"早、快、严、小"的原则极早诊断，极早扑灭。

①对发生传染病或疑似传染病的兔场或兔舍进行严密封锁，设专人管理，禁止人员随意串舍或共用用具，如清粪车、料车等，争取把疫病控制在最小范围。及时通知周围兔场、养殖户采取预防措施，防止疫情扩大。

②根据临床症状、流行病学、病理变化和实验室检查等手段进行确诊。如果本场不能确诊，应把病兔或刚死的兔，盛在严密的容器内，立即送有关单位进行检验、诊断。离诊断单位距离较远的兔场，可通过网络与国内有关专家进行远程会诊，把病兔临床表现、剖检等照片通过网络传递给相关专家来诊断。对于一时不能确诊的疾病，可先做药敏试验，使用高敏药物，控制或治疗疾病发展，之后再确定病原或种类。对患病所在兔舍、兔笼及其周围物进行严格消毒，选择对该病菌敏感的消毒药物。

③发病兔场必须停止种兔出售或外调，须待病兔痊愈或全部处理完毕，兔舍、场地和用具经严格消毒后2周，且在无疫情发生时，再行大消毒一次，方可解除封锁。

④所有病重的家兔要坚决淘汰，如果可以利用，须在兽医部门监督下加工处理。兔毛、血水、废弃的内脏和污水等要集中深埋，肉尸要高温处理。病轻者根据具体情况采取有效方法进行治疗。

⑤死兔的尸体、粪便和垫草等，运往指定地点集中烧毁或深埋。

⑥注意个人卫生防护，防止人被感染。

在扑灭传染病之后，要分析、总结经验，吸取教训，避免以后再次发生。

二、兔场管理与疾病防控

目标
- 了解兔场选址与布局原则
- 了解兔场的常用消毒方法
- 掌握兔群免疫程序和驱虫方法

兔场兔病防控是一个系统工程，要从建场、环境控制、饲养管理、免疫防控等环节进行综合考虑，忽视任何一个环节，都会使兔病不能得到有效防控。

(一) 兔场选址与布局

兔场规划、建设、布局在满足家兔生理特性外，还应注意卫生防疫（图2-1）。兔舍是家兔生存的基本环境，也是家兔生产的必要基础。兔舍的小环境因素(包括温度、湿度、光照、噪音、尘埃、有害气体、气流变化等)，时刻都在影响兔的生长。生活在良好小环境中的家兔生长发育良好，发病率低，生产效率高，否则生产性能下降，严重者会患病死亡。为此，修建兔舍时应根据家兔的生活习性和生理特性，结合所在地区的气候特点和环境条件，同时考虑拟饲养的家兔类型、品种、数量、饲养方式及投资力度等，选择、设计和建造有利于兔群健康，符合卫生条件，便于饲养管理，利于控制疾病，能提高劳动效率，科学实用的兔舍（图2-2）。

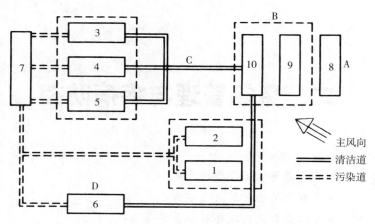

图 2-1　兔场规划

A.生活区　B.辅助生产区　C.生产区　D.兽医隔离区

1、2.核心种群车间　3~5.兔舍　6.兽医隔离间

7.粪便处理场　8.生活福利区　9、10.办公管理区

图 2-2　标准舍内笼养

　　给家兔提供良好的生活环境，保持适宜的温度、湿度、光照和通风换气（图2-3和图2-4），夏防暑、冬防寒，春秋防气候突变，四季防潮湿，以获得较高的生产水平，保证兔群健康。

图 2-3　兔舍通风、加温、降温设施

图 2-4　水帘降温设施

（二）兔场饲养管理基本原则

1.合理配制饲料，定时、定量、定质饲喂，更换饲料逐步进行

目前，我国已研制出家兔定时定量自动饲喂系统。国外多用自动饲喂系统，多采用自由采食模式，要求必须按照自由采食方式进行饲料配方设计（图 2-5）。

图2-5 自动饲喂系统

2.按照家兔不同的生理阶段实行科学的饲养管理

家兔生理阶段不同，其营养需要和管理要求也不尽相同。

3.加强选种，制订科学繁育计划，降低遗传性疾病发病率

遗传性疾病是病兔及其父母的遗传因素所决定的，并非由外界因素(如致病微生物、饲料、环境等)所致。选种时严格淘汰，如牛眼、牙齿畸形、八字腿、白内障、垂耳畸形、侏儒、震颤、脑积水、隐睾、癫痫、缺毛等个体（图2-6和图2-7）。同时制订科学繁育计划，避免近亲繁殖，提高后代生产性能和抗病力，降低群体遗传性疾病的发病率。

4.培育健康兔群

培育无特定病原群，是保障兔群健康发展的基础。

5.坚持自繁自养，慎重引种

图2-6 隐睾病

右侧阴囊塌陷，阴囊内无睾丸（任克良）

图 2-7　缺毛症

(仅在头部、四肢有正常的被毛，其余缺乏绒毛，只有粗毛)

养兔场(户)应使用经自己选育的优良公、母种兔进行配种繁殖，这样既可以降低养兔成本，又能防止引种带入疫病。当为了调换血统，必须引进新的品系、品种时，只能从非疫区购入，经当地兽医部门检疫，并发给检疫合格证，再经本场兽医验证、检疫，隔离饲养，确认健康时，方可进入生产区混群饲养。

涉及进口的家兔，按《中华人民共和国进出境动植物检疫法》执行，重点检疫兔瘟、黏液瘤病、魏氏梭菌病、巴氏杆菌病、密螺旋体病、野兔热、球虫病和螨病等疾病。

6.减少各种应激因素的影响

应激反应，是指那些在一定条件下能使家兔产生一系列全身性、非特异性的反应。生产中，应尽量减少各种应激因素，或将应激强度、时间降到最低。如仔兔断奶后可在原笼中饲养数日，断奶、刺号间隔进行，饲养密度不宜过大，饲料配方变化逐渐进行，严禁生人或野兽进入兔群等。饲粮中添加维生素 C，可降低家兔应激反应。

（三）兔场防疫基本原则

1.消毒

进入场区要消毒。在兔场和生产区门口及不同兔舍间，设消毒池或紫外线消毒室。

2.谢绝参观

场内谢绝参观，禁止其他闲杂人员和有害动物进入场内。

3.搞好兔场环境卫生，定期清洁消毒

首先，饲养人员要注意个人卫生，结核病人不能在兔场工作。保持舍内温度，湿度、光照要适宜，空气清新无臭味、不刺眼。饲喂器、饮水器、引水管和产箱等也应保持清洁。粪便要作生物发酵消毒处理（图2-8和图2-9）。生物发酵30天左右，方可作为肥料使用。

4.杀虫灭鼠防兽，消灭传染媒介

蚊、蝇、虻、蜱、跳蚤、老鼠等是许多病原微生物的宿主和携带者，能传播多种传染病和寄生虫病。兔舍与外界所有相通的地方要安装纱网，防止蚊蝇进入，同

图2-8　粪便作生物发酵处理

图 2-9　粪尿处理池

时要设法消灭。

　　狗、猫、狐狸等动物易传播许多疾病，如豆状囊尾蚴、弓形虫病等，也易造成惊群。因此，养兔场应禁止饲养狗、猫等动物，必须饲养时须加强管理，并对其进行定期检疫和驱虫。

　　5.根据本场特点，制定适宜的免疫程序并严格实施

　　免疫接种就是用人工的方法，将疫苗或菌苗等注入家兔体内，从而激发兔体产生特异性抵抗力，使易感的家兔转化为有抵抗力的家兔，以避免传染病的发生和流行。根据本场的实际，制定出本场的兔群免疫程序并严格执行。目前家兔常用的疫苗种类、使用方法及注意事项见表 2-1。

表 2-1　常用疫苗种类和用法

疫（菌）苗名称	预防的疾病	使用方法及注意事项	免疫期
兔瘟灭活菌	兔瘟	30～35 日龄初次免疫，皮下注射 2 毫升；60～65 日龄二次免疫，剂量 1 毫升，以后每隔 5.5～6.0 个月免疫 1 次，5 天左右产生免疫力	6 个月

（续）

疫（菌）苗名称	预防的疾病	使用方法及注意事项	免疫期
巴氏杆菌灭活菌	巴氏杆菌病	仔兔断奶免疫，皮下注射1毫升，7天后产生免疫力，每只兔每年注射3次	4～6个月
波氏杆菌灭活菌	波氏杆菌病	母兔配种时注射，仔兔断奶前1周注射，以后每隔6个月皮下注射1毫升，7天后产生免疫力，每只兔每年注射2次	6个月
魏氏梭菌（A型）氢氧化铝灭活菌	魏氏梭菌性肠炎	仔兔断奶后即皮下注射2毫升，7天后产生免疫力，每只兔每年注射2次	6个月
伪结核灭活菌	伪结核耶新氏杆菌病	30日龄以上兔皮下注射1毫升，7天后产生免疫力，每只兔每年注射2次	6个月
大肠杆菌病多价灭活菌	大肠杆菌病	仔兔20日龄进行首免，皮下注射1毫升；断奶后再免疫1次，皮下注射2毫升，7天后产生免疫力，每只兔每年注射2次	6个月
沙门氏菌灭活菌	沙门氏菌病（下痢和流产）	怀孕初期及30日龄以上的兔，皮下注射1毫升，7天后产生免疫力，每只兔每年注射2次	6个月
克雷伯氏菌病	克雷伯氏菌病	仔兔20日龄进行首免，皮下注射1毫升；断奶后再免疫1次，皮下注射2毫升，每只兔每年注射2次	6个月
葡萄球菌病灭活苗	葡萄球菌病	母兔皮下注射2毫升，7天后产生免疫力	6个月
呼吸道病二联苗	巴氏杆菌病、波氏杆菌病	怀孕初期及30日龄以上的兔，皮下注射2毫升，7天后产生免疫力，母兔每年注射2～3次	6个月

6.有计划地进行药物预防及驱虫

对兔群用药物预防疾病，是重要的防疫措施之一，尤其在某些疫病流行季节之前或流行初期，将安全、低廉、有效的药物加入饲料、饮水或添加剂中进行群体预防和治疗，可以收到显著的效果。

7.加强饲料质量检查，注意饲喂饮水卫生，预防中毒病

俗话说"病从口入"，因此饲料从采购、采集、加工到保存、利用等各个环节，都要加强质量和卫生检查与控制。

（1）药物中毒　主要是驱虫药物中毒和其他磺胺类、呋喃类、抗生素、抗球虫药物中毒。常见的有马杜拉霉素中毒、氯苯胍等中毒。预防措施：①严格按药物说明书使用，剂量要准确，不能随意加大用药剂量和用药时间；②加入饲料中的药物要充分搅拌均匀；③预防和治疗疾病，尽量避免用治疗量与中毒量相近的药物，如抗球虫病禁止使用马杜拉霉素等。

（2）饲料中毒　常见的有棉籽饼、菜籽饼、马铃薯、食盐等中毒。防止中毒的措施：①控制用量，家兔饲粮中棉籽饼、菜籽饼的饲喂量以不超过5%为宜；②不用发芽、发绿、腐烂的马铃薯等，用前进行脱毒。

（3）霉变饲料中毒　霉变饲料中毒在我国养兔生产中频频发生。防制措施有：①收集、选购要严格进行质量检查；②贮放饲料间要干燥、通风，温度不宜过高；控制饲料中水分含量，以防饲料发生霉败；③添加防霉剂。常用的有丙酸、丙酸钠、延胡索酸、克霉、霉敌、万保香等；④饲喂前要仔细检查饲料质量；⑤炎热季节，每次给兔加料量不宜太多，以防饲料槽底积料发霉。

（4）有毒植物中毒　常见的有毒植物有：苗菜、毒芹、乌头、曼陀罗花、毒人参、野姜、高粱苗等。防止措施：①了解本地区的毒草种类；②提高饲喂人员识别毒草的能力；③凡不认识或怀疑有毒的植物，一律禁喂。

（5）农药中毒　①妥善保管好农药，防止饲料源被农药污染；②严格控制青饲料的来源，采集青饲料的工作人员要有高度责任感，不采喷洒过农药的饲料作物或青草喂兔，坚决不给兔喂可疑饲料；③用上述药品治疗兔体外寄生虫病时，要严格遵守使用规则，防止中毒。

（6）灭鼠药中毒　灭鼠药毒性大，家兔误食后可引起急性死亡。故应注意：①在兔舍放置毒鼠药时，要特别小心，勿使家兔接触或误食；②饲料加工间内严禁放置灭鼠药，以防其混入饲料；③及时清除未被鼠类采食的灭鼠药，以防其污染饲料、饮水等。

（四）兔场消毒

消毒是兔场预防和控制疾病的基本措施。消毒时要考虑病原体的特性、被消毒物体的性能和经济价值等因素，合理选择消毒剂和消毒方法。

（1）兔舍消毒　首先彻底清除剩余饲料、垫草、粪便及其他污物，用火焰焚烧掉落的兔毛。然后用清水冲洗干净，待干燥后进行药物消毒，可选用2%热氢氧化钠溶液、20%～30%热草木灰水溶液、5%～20%漂白粉水溶液、10%～20%石灰乳、4%热碳酸钠水溶液、0.5%～5%氯胺水溶液或0.05%百毒杀等。当用腐蚀性较强的消毒药消毒后，必须用清水冲洗干燥，待干燥后才能放入兔子。

（2）场地消毒　在清扫的基础上，除用上述消毒药外，还可选用5%来苏儿、1%～3%农福、3%～5%臭药水、2.5%～10%优氯净、2%～4%福尔马林水溶液、0.5%过氧乙酸等。

（3）兔笼及用具消毒　应先去除，用清水洗刷干净，干燥后再进行药物消毒。金属用具可用0.1%新洁尔灭、0.1%洗必泰、0.1%度米芬、0.1%消毒净或0.5%过氧乙酸等消毒。木制品可用1%～3%热氢氧化钠、5%～10%漂白粉水、0.1%新洁尔灭、0.5%过氧乙酸、0.1%消毒净、0.5%消毒灵、0.03%百毒杀、5%优氯净等消毒。兔笼、产箱等用具用火焰消毒效果最好(图2-10)。

图 2-10　产箱火焰消毒

（4）仓库消毒　常用 5%过氧乙酸溶液、福尔马林熏蒸消毒。

（5）毛、皮消毒　常用环氧乙烷等消毒。

（6）医疗器械消毒　除煮沸或蒸气消毒外，常用药物有 0.1%洗必泰、0.1%新洁尔灭、0.05%消毒宁(加亚硝酸钠 0.5%)、0.1%度米芬水溶液。

（7）工作服、手套消毒　可用肥皂水煮沸消毒或高压蒸气消毒。

（8）粪便及污物消毒　可采用烧毁、掩埋或生物热发酵等。

（五）兔群驱虫与免疫

根据笔者研究结果和生产实践，以下驱虫和免疫程序可供参考。

（1） 17～90 日龄仔兔、幼兔每千克饲料中加 150 毫克氯苯胍、1～1.5 毫克地克珠利或兔宝 1 号（山西省农科院畜牧所研究成果），可有效预防兔球虫病的发生。治疗时剂量加倍。注意轮换用药，地克珠利用 6～8 个月后，换氯苯胍用 4～5 个月。

（2）产前 3 天和产后 5 天的母兔，每天每只喂穿心莲 1～2 粒、复方新诺明片 1 片，可预防母兔乳房炎和仔兔黄尿病。对于乳房炎、仔兔黄尿病、脓肿发生率较高的兔群，除改变饲料配方及控制产前、产后饲喂量外，繁殖母兔每年应注射两次葡萄球菌病灭活疫苗，剂量按说明进行。

（3）20～25 日龄仔兔注射大肠杆菌疫苗，以防因断奶等应激造成大肠杆菌病的发生。有条件的大型养兔场可用本场分离到的菌株制成的疫苗进行注射，预防效果较好。

（4）30～35 日龄仔兔首次注射兔瘟单联或瘟 - 巴二联苗疫苗，每只颈皮下注射 2 毫升。60～65 日龄时再皮下注射 1 毫升兔瘟单联苗或二联苗以加强免疫。种兔群每年注射两次兔瘟疫苗。

（5）40 日龄左右兔注射魏氏梭菌疫苗，皮下注射 2 毫升，免疫期为 6 个月。种兔群应注射魏氏梭菌菌苗，每年 2 次。

（6）根据兔群情况，还应注射大肠杆菌、波氏杆菌疫苗等。

（7）每年春秋两季对兔群进行两次驱虫，可用伊维菌素皮下或口服用药，不仅对兔体内寄生虫，如线虫有杀灭作用，也可以治疗兔体外寄生虫，如疥螨、蚤虱等。

（8）对于毛癣菌病的预防，引种兔必须从健康兔群中选购种兔。引种后必须隔离观察至第一胎仔兔断奶时，如果仔兔无本病发生，才可以混入原兔群。严禁商贩进入兔舍。一旦发现兔群中眼圈、嘴圈、耳根或身体任何部位有脱毛，脱毛部位有白色或灰白色痂皮，应及时隔离，最好淘汰，并对其所在笼位及周围环境用 2%火碱或火焰进行彻底消毒。

（9）对于中毒病的预防，目前为害养兔生产的主要问题是饲料霉变中毒问题，因此对使用的草粉、玉米等原料应进行全面、细致的检查。一旦发现有结块、发黑、发绿、有霉味、含土量大的饲料，应坚决弃之不用。饲料中添加防霉制剂对预防本病有一定的效果。饲料中使用的菜籽饼、棉籽饼等，要经过脱毒处理，同时添加量不超过 5%，仅可饲喂商品兔。

三、兔场常用药物、生物制品

目标
- 了解家兔消化道疾病、呼吸道疾病的常用药物及使用方法
- 了解常用疫苗种类
- 掌握疫苗的保存方法

（一）兔场常用药物

1.常用药物

家兔常用的药物种类、规格、用法剂量及适应证见表3-1。对一些新药可参考以下计算方法确定用药剂量。

表3-1　家兔常用的药物规格、用法剂量及适应证

药物名称	制剂规格	用法及剂量	疾病名称
青霉素G钾盐	粉针：20万单位/支；40万单位/支；80万单位/支	用注射用水或生理盐水溶解，肌内注射，2万～4万单位/千克（按体重），每天2～3次	葡萄球菌病、乳房炎、子宫炎、李氏杆菌病、呼吸道炎症及密螺旋体病等
氨苄青霉素钠	粉针：0.5克/支	用注射用水或生理盐水溶解，肌内注射，2～5毫克/千克（按体重）	巴氏杆菌病、伪结核病、野兔热、黏液性肠炎等
硫酸链霉素	粉针：0.5克/瓶；1克/瓶	肌内注射，20毫克/千克（按体重），每天2次	传染性鼻炎、巴氏杆菌病、大肠杆菌病等

（续）

药物名称	制剂规格	用法及剂量	疾病名称
硫酸卡那霉素	水针：0.5克/瓶	肌内注射，10～20毫克/千克（按体重），每天2次	巴氏杆菌病、波氏杆菌病、大肠杆菌病、沙门氏杆菌病等
硫酸庆大霉素	水针：4万单位/毫升；8万单位/2毫升	肌内注射，0.3万～0.5万单位/千克（按体重）	巴氏杆菌病、沙门氏杆菌病、波氏杆菌病、葡萄球菌病、大肠杆菌病等
盐酸四环素	粉针：0.25克/支	用5%葡萄糖溶解静脉注射，40毫克/千克（按体重），每天1次	大肠杆菌病、沙门氏杆菌病、巴氏杆菌病等
盐酸土霉素（氧四环素）	片剂：0.25克/片	内服，100～200毫克/只，每天2～3次静脉注射或肌内注射	大肠杆菌病、沙门氏菌病、巴氏杆菌病等
	粉针：0.2克/支	40毫克/千克（按体重）	
强力霉素（脱氧土霉素）	片剂：0.1克/片	内服，3～5毫克/千克（按体重）	葡萄球菌病、波氏杆菌病、沙门氏菌病、大肠杆菌病等
	粉针：0.1克/支；0.2克/支	静脉注射，2～4毫克/千克（按体重）	
盐酸金霉素	片剂：0.25克/片	内服0.1～0.2克/只，2～3次/天	大肠杆菌病、沙门氏杆菌病、巴氏杆菌病等
	粉针：0.25克/支	用5%葡萄糖液溶解，静脉注射40毫克/千克（按体重）	
	眼膏	涂敷眼部或患部	
新胂凡纳明（914）	粉剂：0.15克/支；0.3克/支；0.45克/支；0.6克/支	用灭菌生理菌水或5%葡萄糖液制成5%溶液，耳静脉注射，40～60毫克/千克（按体重），若配合应用青霉素G效果更好。注意事项：性质不稳定，溶解过程中禁止用力振荡，应缓缓注入静脉里，防止漏出血管外	兔螺旋体病、附红细胞体病

（续）

药物名称	制剂规格	用法及剂量	疾病名称
磺胺嘧啶（SD）	片剂：0.5 克/片	内服，每天 2 次，首次用量 0.2～0.3 克/千克（按体重），维持量 0.1～0.15 克/千克（按体重）。使用磺胺类药应遵循的原则是：①严格掌握适应证。对病毒性疾病不宜应用；②掌握剂量及疗程，首次使用应加倍量，然后间隔一定时间给予维持量，疗程要充足，等急性感染症状消失后，继续用药 2～4 天；③肝脏病、肾功能减退、全身酸中毒应慎用或禁用；④急重病例应选用针剂；⑤用药期间充分供水，必要时灌水，以增加尿量，促进排出；⑥加等量碳酸氢钠，以防析出结晶损害肾脏；⑦忌与酸性药物和含氨苯甲基药物（如普鲁卡因、丁卡因等）合用；⑧磺胺药只有抑菌作用，治疗期间，需加强家兔饲养管理 不同的磺胺药对病原体的抑制作用有差异，一般抗菌作用依次为：SMM＞SMZ＞SIZ＞SD＞SDM＞SMD＞SM2＞SDM＞SN	巴氏杆菌病、沙门氏菌病、伪结核病、波氏杆菌病、大肠杆菌病、李氏杆菌病、葡萄球菌病、魏氏梭菌病、野兔热等
磺胺嘧啶钠注射液	针剂：0.4 克/2 毫升；1 克/5 毫升	肌内注射或静脉注射，0.05 克/千克（按体重）	巴氏杆菌病、沙门氏菌病、伪结核病、波氏杆菌病、大肠杆菌病、李氏杆菌病、葡萄球菌病、魏氏梭菌病、野兔热等
磺胺噻唑（ST）	片剂：0.5 克/片；1 克/片	内服，每天 3 次，首次量 0.15～0.2 克/千克（按体重），维持量 0.07～0.11 克/千克（按体重）	巴氏杆菌病、沙门氏菌病、伪结核病、波氏杆菌病、大肠杆菌病、李氏杆菌病、葡萄球菌病、魏氏梭菌病、野兔热等

（续）

药物名称	制剂规格	用法及剂量	疾病名称
磺胺二甲嘧啶（SM2）	片剂：0.5克/片	内服，每天3次，首次量0.15～0.2克/千克（按体重），维持量0.07～0.11克/千克（按体重）	巴氏杆菌病、沙门氏菌病、伪结核病、波氏杆菌病、大肠杆菌病、李氏杆菌病、葡萄球菌病、魏氏梭菌病、野兔热等
	水针：0.5克/5毫升；1克/10毫升	肌内注射或静脉注射，每天2次，首次量0.1～0.15克/千克（按体重），维持量0.05～0.07克/千克（按体重）	
磺胺甲基异噁唑（新诺明，新明磺，SMZ）	片剂：0.5克/片	内服，每天2次，首次量0.1克/千克（按体重），维持量0.05克/千克（按体重）	巴氏杆菌病、沙门氏菌病、伪结核病、波氏杆菌病、大肠杆菌病、李氏杆菌病、葡萄球菌病、魏氏梭菌病、野兔热等
复方磺胺甲基异噁唑（复方新诺明片）	片剂：每片含TMP0.08克＋SMZ0.4克	内服，每天2次，30毫克/千克（按体重）	巴氏杆菌病、沙门氏菌病、伪结核病、波氏杆菌病、大肠杆菌病、李氏杆菌病、葡萄球菌病、魏氏梭菌病、野兔热等
	针剂：每毫升含TMP1.0克＋SMZ0.2克	静脉注射或肌内注射，每天1次，10～20毫升/千克（按体重）	
磺胺间甲氧嘧啶（长效磺胺C，制菌磺）（SMM）	片剂：0.5克/片	内服或拌料每天1次，0.07/千克（按体重）	巴氏杆菌病、沙门氏菌病、伪结核病、波氏杆菌病、大肠杆菌病、李氏杆菌病、葡萄球菌病、魏氏梭菌病、野兔热等
	针剂：1.0克/10毫升	静脉注射或肌内注射，每天1次，0.07克/千克（按体重），同类药中抗菌作用最强，对球虫也有较好作用	
复方磺胺间甲氧嘧啶	片剂：每片含TMP0.1克＋SMM0.5克	内服，每天1次，30毫升/千克（按体重）	巴氏杆菌病、沙门氏菌病、伪结核病、波氏杆菌病、大肠杆菌病、李氏杆菌病、葡萄球菌病、魏氏梭菌病、野兔热等

（续）

药物名称	制剂规格	用法及剂量	疾病名称
磺胺对甲氧嘧啶（磺胺-5-甲氧嘧啶，长效磺胺D，消炎磺）（SMD）	片剂：每片含TMP0.08克＋SMD0.4克	内服，每天1次，首次量0.05克/千克（按体重），维持量0.025克/千克	巴氏杆菌病、沙门氏菌病、伪结核病、波氏杆菌病、大肠杆菌病、李氏杆菌病、葡萄球菌病、魏氏梭菌病、野兔热等
复方磺胺对甲氧嘧啶（SMD-TMP）	片剂：每片含TMP0.08克＋SMD0.4克	内服，每天1次，30毫克/千克（按体重）	巴氏杆菌病、沙门氏菌病、伪结核病、波氏杆菌病、大肠杆菌病、李氏杆菌病、葡萄球菌病、魏氏梭菌病、野兔热等
	针剂：10毫升含TMP0.2克＋SMD1克	静脉注射或肌内注射，每天2次，20～25毫克/千克（按体重）	
磺胺邻二甲氧嘧啶（周效磺胺，法纳西）（SDM'）	片剂：0.5克/片	内服，每天1次，首次量0.05克/千克（按体重），维持量0.025克/千克（按体重）	巴氏杆菌病、沙门氏菌病、伪结核病、波氏杆菌病、大肠杆菌病、李氏杆菌病、葡萄球菌病、魏氏梭菌病、野兔热等
	针剂：10毫升含TMP0.2克＋SDM1克	静脉注射或肌内注射，每天2次，15～20毫克/千克（按体重）	
二甲氧苄氨嘧啶（敌菌净）（DVD）	片剂：0.5克/片	内服，每天2次，10毫克/千克（按体重），属抗菌增效剂，常与SMZ、SMD、SMM、SMZ和四环素配合使用	肠道感染及兔球虫病
磺胺脒（SC）	片剂：0.5克/片	内服，每天3次，首次量0.3克/千克（按体重），维持量0.15克/千克（按体重）	大肠杆菌病、腹泻等
琥珀酰磺胺噻唑（SST）	片剂：0.5克/片	内服，每天1～2次，首次量0.14克/千克（按体重），维持量0.07克/千克（按体重），作用较SG强，连续使用1周以上，要补充维生素K和维生素B_6	大肠杆菌病、腹泻等

（续）

药物名称	制剂规格	用法及剂量	疾病名称
酞磺噻唑（息拉米）（PSA）	片剂：0.5克/片	内服，每天1~2次，首次量0.14克/千克（按体重），维持量0.07克/千克（按体重）	大肠杆菌病、腹泻等
磺胺醋酰钠滴眼剂	溶液剂：10%~30%	点眼	结膜炎、角膜炎等
恩诺沙星（乙基环丙沙星）	口服剂	口服，每天2次，2.5~5毫克/千克（按体重）	大肠杆菌病、沙门氏菌病、巴氏杆菌病、链球菌病、葡萄球菌病等
	针剂	肌内注射，每天2次，连用3天，2.5~5毫克/千克（按体重），必要时停药2天后再连用3天	
磺胺喹噁啉（SQ）	粉剂	在水中混匀饮用，预防量按0.05%浓度饮3周；治疗量按0.1%饮水。本品与二甲氧苄胺嘧啶（DVD）按4：1比例混合，以0.25克/千克（按体重）使用，抗球虫效果很好	球虫病
磺胺二甲嘧啶（SM2）	片剂：0.5克/片	拌入饲料或饮水中，预防量按0.1%饲料浓度或0.2%饮水浓度连喂15~30天；治疗量按0.5%饲料浓度，连喂7天，或100毫克/千克（按体重）连喂3天，停药7天后再使用一个疗程。一般用药宜早	球虫病
莫能菌素	预混剂（20%）	按含莫能菌素0.004%~0.005%浓度混入饲料饲喂，从断奶喂至60日龄	球虫病

（续）

药物名称	制剂规格	用法及剂量	疾病名称
氯苯胍	片剂：0.01克/片；粉剂：预混剂（10%）	预防量每千克饲料加150毫克，从开食到断奶后45天；治疗量按每千克饲料加至300毫克，连喂1~2周，后改用预防量	球虫病
球痢灵（二硝苯甲酰胺）	粉剂	内服，50毫克/千克（按体重），每日2次，连用5天	球虫病
杀球灵（Diclazuril，Clinucox）	预混料（0.5%）	每千克饲料添加1毫克，连喂1个月，可控制发病和死亡。应与莫能菌素交替或轮换使用	球虫病
甲基三嗪酮（百球清）	溶液	预防按0.001 5%浓度饮水3周；治疗量按0.0025%浓度饮水2天，间隔5天，再用2天。是治疗兔球虫病的特效药物	球虫病
盐霉素	粉剂	每千克饲料加50毫克，连喂7天左右	球虫病
伊维菌素（害获灭，Ivennectin）	粉剂，胶囊 针剂	内服，按说明使用 皮下注射，按说明使用	疥螨病、虱、蚤及线虫病
敌百虫	结晶粉	外用，1%~2%温水涂擦患部，7~10天后重复用药1次	疥螨病、兔虱病等
螨净	油状液体	外用，以1：500比例稀释，涂擦患部	疥螨病、兔虱病等
甲苯咪唑	片剂：50毫克/片	内服，每天1次，连用3天，35毫克/千克（按体重）	豆状囊尾蚴
枸橼酸哌嗪	片剂：0.5克/片	内服，每天1次，连用2天，成年兔每千克饲料0.5克，幼兔每千克饲料0.75克	蛲虫病

（续）

药物名称	制剂规格	用法及剂量	疾病名称
灰黄霉素	片剂：0.1克/片	内服，预防量每天 10 毫克/千克（按体重）；治疗量，每天 30～50 毫克/千克（按体重），15 天为一个疗程，间隔 5～7 天行第二个疗程	皮肤真菌病
	软膏：3%	涂敷患部	
制霉菌素	片剂：25～50 单位/片	内服，5 万～20 万单位/只，每天 2～3 次	皮肤真菌病
	软膏：10 万单位/克	涂敷患部	
咪康唑（达克宁，双氯苯咪唑，霉可唑）	乳剂：2%；洗剂：1%	涂敷患部，疗效优于制霉菌素	皮肤真菌病
鱼肝油	每克含 VA850 单位 VD85 单位	内服，1～2 毫升/只	维生素 A 缺乏症、骨软症、佝偻病等
维生素 AD 注射剂	针剂：0.5 毫升、1.0 毫升、5 毫升，每毫升含维生素 A5 万单位，维生素 D5000 单位	肌内注射，2 500～5 000 单位/只	促进生长发育，治疗维生素 A、维生素 D 缺乏症
维生素 D_2（骨化醇）	胶丸：1 万单位/粒	内服，2 500～5 000 单位/只	骨软症、佝偻病及急性低血钙症
	针剂：40 万单位/毫升	肌内注射，2 500 单位/只	
维生素 E	片剂：10 毫克/片	内服，每天 2 次；1 毫升/只	维生素 E 缺乏症、不育症
	针剂：5 毫克/毫升或 50 毫克/毫升	肌内注射，1 毫克/只	

（续）

药物名称	制剂规格	用法及剂量	疾病名称
维生素 B_1	片剂：10 毫克/片	内服，1～2 片/只	维生素 B_1 缺乏症，消化不良
维生素 B_2	片剂：5 毫克/片	内服，2～4 片/只	维生素 B_2 缺乏症，消化不良
复合维生素	片剂、溶液、针剂	内服，1 片/只内服，1～2 毫升/只内服，1 毫升/只	营养不良、消化障碍、口腔炎、维生素 B 族缺乏症
干酵母	片剂：0.5 克/片	内服，1～2 片/只	消化不良、预防维生素 B 缺乏症
食母生	片剂：含干酵母 0.2 克/片	内服，1～3 片/只	
维生素 C	片剂：50 毫克/片，100 毫克/片；针剂：100 毫克/2 毫升，1 克/10 毫升	内服，0.05～0.18/只；肌内注射或静脉注射，0.05～0.1 克/只	解毒、应激综合征、休克
人工盐	粉剂	内服，助消化 1～2 克/只；下泻 4～6 克/只	小剂量内服用于食欲不振、消化不良等。剂量增大有缓泻作用
大黄苏打片	片剂：0.5 克/片	内服，1～2 片/只	消化不良、便秘等
硫酸钠（芒硝）	无色结晶	内服，成年兔 3～5 克/只，幼兔 1.5～2.5 克/只，配成 5% 溶液口服	消化不良、便秘等
硫酸镁	无色针状结晶	内服，成年兔 3～5 克/只，幼兔 1.5～2.5 克/只，配成 5% 溶液口服	便秘、毛球病等
液体石蜡	无色透明油状液	内服，5～10 毫升/只；禁止用本品作泻药排出胃肠内毒物	便秘、臌气

（续）

药物名称	制剂规格	用法及剂量	疾病名称
植物油	豆油、菜籽油、花生油、麻油等	内服，一次量30～50毫升/只。禁止用本晶作泻药排出胃肠内毒物	食滞、毛球病
蓖麻油	淡黄色黏稠液体	内服，成兔10～15毫升，幼兔5～7毫升，加等量水中服	便秘
消胀片（二甲基硅油片）	片剂：每片含二甲基硅油25毫克，氢氧化铝40毫克	内服，1片/只	臌气病
鞣酸蛋白	淡黄色粉状	内服，2～3克/只	止泻
硅炭银	片剂：0.5克/片	内服1～2次/只，宜空腹时灌服	急性胃肠炎、腹泻等
乳酸钙	片剂：0.5克/片	内服，1～4片/只	软骨症、佝偻病
葡萄糖酸钙注射液	针剂：2克/20毫升，5克/50毫升，10克/100毫升	静脉注射或深部肌内注射，0.2～0.4克/只，静脉注射时速度要缓慢	急性缺钙、胃肠麻痹
复方氨基比林	针剂：1克/2毫升	肌内注射，1～2毫升/只	感冒等热性传染病
硼酸	2%	外用，冲洗	眼炎、鼻炎、乳房炎、脚皮炎、皮肤脓肿等冲洗
明矾	0.2%		
雷佛奴尔（利凡诺尔）	粉末	外用，配成0.1%溶液冲洗伤口或湿敷感染性创伤	外伤、黏膜、腔道消毒
过氧化氢溶液	含过氧化氢3%	外用，1%～3%清洗创伤和瘘管，0.3%～1%冲洗口腔	深部化脓、瘘管等
高锰酸钾	黑紫色结晶	外用，0.05%～0.1%冲洗黏膜，0.1%～0.2%用于冲洗创伤，以0.1%水溶液用作饮水	黏膜、创伤、腔道等

（续）

药物名称	制剂规格	用法及剂量	疾病名称
龙胆紫	2%	外用	黏膜、皮肤外伤口处理
碘酊	2%，5%，10%	外用，手术部位、注射部和皮肤消毒	皮肤消毒，化脓伤口处理
碘甘油	3%	外用	口腔炎、咽炎、鼻炎
酒精	70%～75%	外用	注射部位、器械消毒
水杨酸	白色结晶	外用，配成5%～10%酒精溶液涂擦患部	毛癣菌病

兔病用药与人病用药有许多相似之处，确定家兔药物用量时和人的用药一样，一般按体重计算。家兔体重是人体重的1/20，理论上说用药量也应该是人用药量的1/20，但家兔是草食动物，实际上口服药物的剂量应适当大一些。如果以成年人用药量为1，则家兔口服药量为1/6～1/3。同一药物因投药方法不同，药物被吸收的速度也不同，因此应该用不同的剂量。如果以口服为标准，各种投药方法的剂量比例是：口服为1，灌肠为1.5，皮下注射为1/3～1/2，肌内注射为1/4～1/3，静脉注射为1/4。

2.病兔用药应遵循的基本原则

（1）宜早不宜迟 家兔属小型动物，对多数疾病的耐受能力较差，发病后一般病程较短，死亡较急。一般由细菌或病毒所致的疾病，在出现症状后4小时内用药治疗的治愈率要比超过4小时之后投药施治的治愈率高出2倍以上。给药延迟，即便是最终治愈的病兔，除了较多使用药品、加大治疗费用开支外，对其愈后生产性能的恢复或发挥往往产生较多不良影响。因此，兽医人员日常要及时了解兔群体和个体的健康水平，一旦发现家兔患病，应及时诊断、及早用药。

（2）宜足不宜少 家兔疾病治疗时用药的剂量对疗效关系重大。一般应按正常治疗量的上限用药，不要取下限，特别是首次用药时，某些药物，如磺胺类药物，往往还要加量。用药量不足，不但抑制不了病源因子，控制不了病情，往往还会促使一些病原体或病兔机体产生抗药性或耐药性，给进一步治疗造成困难。足量用药(应注意不是过量用药)，不但可以提高疗效、缩短疗程、少用药物、少开支，而且对病兔愈后有利。但要注意用药量过大，有时可能引起中毒，造成不良后果和药物浪费，因此应当避免。

（3）宜速不宜缓 不同剂型、不同给药方式，药物在体内发生作用的快慢和持续时间不同。凡用于治疗的药物，应争取使其尽快产生治疗作用。在不违背药物使用禁忌的情况下，应首先选用对兔产生作用最快的剂型和用药方法。

（4）宜复不宜单 即宜用复合制剂或联合用药，而不主张单独使用某一种药物。一种药物一般很难同时具备多种功效，即使某些药物同时具有多种作用，但这些作用在治疗某种疾病时并非都起治疗作用，而可能成为副作用。因此，在治疗病兔时提倡复方配伍用药。另外，不同的给药方式也可同时采用，这样使药物作用发挥快慢结合，持续作用，有利于疾病的治疗，有时也是配伍用药所必需的。

（5）宜温不宜凉 兔的体格较小，体内热平衡的调节能力较差，容易受到外界因素的影响。给病兔用药每只每次用药量超过 5 毫升时，一般应将药液预热至接近体温(38℃左右)，尤其是在冬季注射给药时，或是对幼小仔兔用药时更应注意。

（6）以料代药 俗话说，"药补不如食补""是药三分毒"。因此，对一些症状轻微的病兔，能以食物代替药物进行防治的就不要随便使用药物，以避免药物的毒副作用和因滥用药物而出现副作用。

3.药物的保管

（1）制订严格的保管制度　药物的保管应有严格的制度，包括出库检查、入库检查、验收，建立药品消耗和盘存账册，逐月填写药品消耗、报损和盘存表，制订药物采购和供应计划。如各种兽药在购入时，除应注意有完整、正确的标签及说明书外，不立即使用的还应特别注意包装上的保管方法和有效期。

（2）各类药品的保管方法　所有药品，均应在固定的药房和药库存放。

（3）药物储存的基本方法

①密封保存　以下几类药品需要密封保存。

易风化的药品：多数含结晶水的药物露置空气中，逐渐变成白色不透明结晶或白色的干燥粉末，叫作风化，如仍按原剂量可致增量而易中毒。因此，应密封保存，置于稍潮湿处。这类药品有：碳酸钠、硫酸钠、硫酸镁、硼砂和阿托品等。

易潮解的药品：有些药品能吸收空气中的水汽而自行溶解，叫潮解。因此，应密封保存，并置于干燥处。这类药品有：氯化钙、氯化钠、碘化钾、溴化钠、醋酸钾、三氯化铁、次硝酸铋、氯化铵、溴化铵等。

易挥发的药品：有些沸点低的药品，包装不严或放在温度较高的地方就要挥发而逸出瓶外。因此，应密封保存，并置于温度较低处。这类药品有：酒精、福尔马林、水合氯醛、酊剂、各种挥发油、碘片、樟脑、薄荷脑等。

易被氧化或碳酸化的药品：有些药品露在空气中便与空气中的氧气或二氧化碳化合而变质，叫作氧化或碳酸化。因此，应密封保存并置于阴凉处。这类药品有：鱼肝油、氢氧化钠等。

其他应密封保存的药品：许多抗生素类、中药、生化药物、蛋白质类药物不仅易吸潮，而且受热后易分解失效，或易发霉变质、虫蛀。因此也应密封于干燥阴凉处保存。

②避光保存 有些原料药，如恩诺沙星、盐酸普鲁卡因；散剂，如含有维生素 D、维生素 E 的添加剂；片剂，如维生素 C、阿司匹林；注射剂，如肾上腺素注射液等遇光可发生化学变化生成有色物质，出现变色变质，导致药效降低或毒性增加。因此，应放于避光容器内，密封于干燥处保存。片剂可保存于棕色瓶内，注射剂可放于遮光的纸盒内。

③低温保存 受热易分解失效的原料药，如抗生素、生化制剂(如垂体后叶素等注射剂)，最好放置于 2～10℃ 低温处。易爆、易挥发的药品，如乙醚、挥发油、氯仿、过氧化氢等，以及含有挥发性药品的散剂，均应在密闭阴凉处保存。

（二）生物制品

生物制品是指用微生物及其代谢产物、寄生虫、动物血液或组织等经加工制成的，用于预防、诊断、治疗特定传染病或其他有关疾病的免疫制剂。免疫学理论和相关技术的飞速发展与突破，生物制品的种类日益增多，质量也不断提高，为家兔疾病的防治开辟了新的广阔前景。

1.生物制品的种类

（1）疫苗 传统疫苗有弱毒苗和灭活苗两种。凡将特定细菌、病毒及寄生虫毒力致弱或用异源毒制成的疫苗，均称活疫苗；用物理或化学方法将其灭活后制成的疫苗称灭活苗。近年来，利用分子生物学技术研制生产的新型疫苗日渐增多，受到了广泛的重视，如亚单位疫苗、基因缺失疫苗、活载体疫苗、核酸疫苗、合成肽疫苗和抗独特型疫苗等。

（2）抗血清和抗毒素　用特定的病原微生物或类毒素、毒素，以及亚单位成分免疫动物，采血制备的血清。用一般病原微生物为抗原制备的称抗血清；用类毒素或毒素为抗原制备的称抗毒素。注射抗血清或抗毒素可预防或治疗特定病原引起的传染病，但常因血清用量大、价格高，大群体使用往往供不应求，因此在家兔生产中很少使用。

（3）诊断制品　由病原微生物（含寄生虫）制备抗原以检测相应抗体，或用已知抗血清（抗体）检测相应抗原的制品均称诊断液，如细菌悬浮液抗原、特异抗血清（分型抗血清、因子血清）、单克隆抗体、核酸杂交探针以及用细菌、毒素制作的抗原等。

（4）血液生物制品　指由动物血液分离提取的各种组分，包括血浆、白蛋白、球蛋白、纤维蛋白原等。此外，还包括白细胞介素、单核细胞、干扰素、转移因子等。

（5）微生态制品　是用非病原微生物，如乳酸杆菌、蜡样芽孢杆菌、地衣芽孢杆菌、双歧杆菌等活菌生产的制剂，口服治疗家兔因正常菌群失调引起的下痢。目前微生态制剂已在临床应用和用作饲料添加剂。

2.生物制品的使用

（1）质量检查　在使用各种生物制品前，要进行认真、细致的检查。

外观检查：家兔常用的疫苗应为絮状沉淀。

不能使用的情况有：①无标签或瓶签模糊不清、记载不详的。②瓶塞松动或已启盖或瓶身有破损的。③已过期、失效的。④眼观质量与说明书不符，如色泽异常、瓶内有异物或发霉。⑤未按规定要求保存的。

（2）使用注意事项　为了使免疫接种能达到预期的效果，在使用生物制品进行疫病防治过程中，应注意以下几点：

第一，有条件应根据家兔体内母源抗体水平确定适宜的接种时间。接种过早，由于母源抗体作用，免疫效果会降低；接种太迟，会增加家兔感染疾病的危险。

第二，使用前应仔细阅读瓶签及使用说明，注意适用对象、接种方法、注意事项等，然后按照要求先在小范围注射数只，观察1周，如无异常现象，则可进行大群免疫。

第三，接种前要认真检查兔的健康状况，凡发热、精神异常、妊娠后期母兔，通常暂不接种，待病愈、产后及时进行补注。

第四，使用前和使用过程中要不断要充分震摇，使内容物充分混合均匀。开封后当天用不完的要丢弃。

第五，接种剂量准确，接种途径正确。剂量过大过小，接种部位、方法不正确，都会影响免疫效果。要严格按照说明书要求进行，不得随意变更。不得任意将几种疫苗同时甚至混合接种，以免发生干扰现象。

第六，紧急接种时要一兔一针头。

第七，接种完毕时剩余的疫苗、空瓶要集中进行无害化处理。

第八，接种后严密观察，发生剧烈反应的及时进行治疗。

3.生物制品的保存

各种生物制品(如疫苗、菌苗、抗血清、类毒素、诊断液等)要求的保存条件不同，因此必须根据产品说明书，分别妥善保管。保管的适宜温度：各种水剂疫苗、菌苗为 4～10℃，切忌结冰；冻干疫苗和抗血清等在 0℃以下。持续高温(35℃以上)或冷冻(2℃以下)都会造成疫苗失效而不能使用。各种生物制品要求放置在阴暗、干燥处，有条件的地方可使用冰库、冰箱保存；条件差的地方可因地制宜，在地窖或水井等凉爽处保存。

四、兔病诊治常规方法和技术

目标
- 了解流行病学诊断内容
- 了解病理剖检基本操作技能
- 掌握皮下注射、肌内注射操作方法和注意事项

　　了解掌握兔病常用的诊断方法和治疗方法，是兔场兽医人员应掌握的基本技能，也是做好兔场疾病防控的基本内容。

（一）兔病诊断技术

　　兔病诊断包括临床诊断、流行病学调查、剖检病理学诊断和实验室诊断。

1.临床诊断

　　临床诊断就是利用人的感觉器官或借助一些简单诊断器材(如体温计、听诊器等)直接对病兔进行检查。对于家兔某些具有特征性症状表现的典型病例，经过仔细的临床检查，一般不难作出诊断。

　　（1）问诊　以询问的方式向饲养管理人员或防疫员等调查了解与发病有关的情况和经过，一般在做其他检查之前进行，也可贯穿于其他检查过程之中。通过问诊，有时可以掌握一些重要的诊断依据，为进一步检查提供方向。

①病史　包括既往病史和现有病史。了解患兔以往的健康状况，以前是否发生过类似疾病，如何处治、效果如何，本次疾病发生的时间、发病经过、主要表现，采取过什么措施，用过什么药物及效果如何等。

②健康状况　了解同一兔群中有多少兔先后或同时发生类似疾病，邻舍及附近场、区兔群最近是否也有类似疾病发生等。

③饲养管理及预防用药情况　主要了解饲料的种类、来源、质量、饲喂量及最近是否有变化，饲养人员是否有顶班现象，场舍的卫生状况，管理制度执行情况；接种疫苗的种类、来源、接种时间和接种方法，以及其他预防药物的使用情况等。

对问诊所掌握的情况，要实事求是地记录下来，不能随意发挥。

（2）视诊　用肉眼直接观察病兔目前的状态和各种异常现象。通过视诊可以发现许多很有意义的症状，为进一步诊断检查提供线索。

视诊包括体形外貌、体格发育、营养状况、精神状态、运动姿势及被毛、皮肤和可视黏膜的变化等；还要注意某些生理活动是否正常，如有无喘气、咳嗽、流涎及异常采食、咀嚼、吞咽和排泄动作等；留意粪便和尿液的性状、数量等。

（3）触诊　用手触摸按压检查部位进行疾病诊断的一种方法。通过触诊可以判断被检器官和组织的状态，确定病变的位置、形态、大小、质地、温度、敏感性和移动性等。

通过浅部触诊检查体表温度、湿度，皮肤及皮下组织厚度、弹性、硬度，肌肉紧张性及局部肿物的性状等。深部触诊常用于体腔内器官的检查，常用类似家兔妊娠检查的方法，触摸腹部（图4-1），看有无肿块、硬结等。

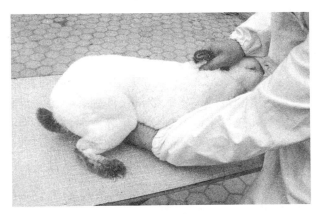

图 4-1　腹部触诊法

（4）听诊　通过听觉辨别患病动物及其体内某些器官活动过程产生的各种声音，根据声音及其性质的变化推断体内器官功能状态和病理变化的一种诊断方法。临床上常用于心脏、肺和胃肠的检查，如听诊心脏的搏动音，可知其频率、强度、节律及有无杂音；听诊肺部可知呼吸数、呼吸节律、肺泡呼吸音强弱及是否有啰音和摩擦音等；听诊腹部可知胃肠是否蠕动及蠕动的强弱等。

（5）叩诊　对患病家兔体表某一部位进行叩击，根据所产生声音的特性推断叩击部位组织器官有无病理变化的一种诊断方法，可用于胸腹腔脏器的检查。叩诊时所产生声音的性质主要取决于叩诊部位有无气体或液体，及其量的多少，还与叩诊部位组织的厚度、弹性等有关。如叩击腹部有鼓音，则系胃肠严重臌气。

（6）嗅诊　利用嗅觉辨别患病动物的排泄物、分泌物、呼出气体以及兔舍和饲料等的气味，借以推断疾病的方法。嗅诊在兽医临床诊断检查中有时具有重要意义，如当患兔呼出气体有烂苹果味（酮味）时可能患妊娠毒血症；患兔腹泻时排出的恶臭水样粪便，提示患魏氏梭菌病等。

2.流行病学诊断

流行病学诊断就是通过问诊、座谈、查阅病历、现场观察和临床检查等方式取得第一手资料。

(1)疾病的发生情况 了解最初发病的时间和兔舍，传播蔓延速度和范围，发病数量、性别、年龄、症状表现，发病率和死亡率以及剖检变化等。如仅母兔发病尤其是妊娠、哺乳及假妊娠的可能为妊娠毒血症；外生殖器有病变，且多为繁殖兔（包括母兔、公兔）时应考虑兔密螺旋体病、外生殖道炎症等；发病死亡率高，年龄多在3月龄以上，可能是兔瘟；3月龄内兔死亡可能为球虫病；断奶前后兔腹泻多为大肠杆菌病等。

(2)病因调查 了解本场或本地过去是否发生过类似疾病，流行情况如何，是否经过确诊，采取过何种防治措施，效果如何。本次发病前是否引进种兔，新购种兔进场是否检疫和隔离；饲料原料、配方及饲养管理最近是否有较大改变，包括饲料的种类、来源、贮存、调制、饲喂方式等，同时注意饲养人员是否改变；饲料质量如何，是否发霉变质；如果为购买的饲料，了解厂家饲料配方、原料是否变化；当地气候是否突变，兔舍的温度、湿度和通风情况如何，附近有无工矿废水和毒气排放；兔场的鼠害情况和卫生状况如何；兔场是否养犬、猫等动物；最近是否进行过杀虫、灭鼠或消毒工作，用过什么药物等；收皮、收毛等商贩是否进入过兔场、兔舍等。

(3)预防免疫、用药情况 了解本场兔群常用什么药物和疫苗进行疾病预防，用量多少，如何使用；饲料中添加过哪些添加剂，什么时候开始，使用多长时间等。常见的有兔瘟免疫程序不当或疫苗问题导致兔瘟发生，未进行小试就大面积使用厂家推荐的饲料添加剂导致消化道或中毒性疾病发生。

（4）疾病的发展变化和防治效果　了解病兔的初期表现与中、后期表现，一般病程多长，结局怎样，是否使用药物进行防治，使用的什么药物，药物用量、使用时间，效果如何等。

3.病理学诊断技术

根据临床诊断不能确诊的疾病，必须对病兔或尸体进行解剖，根据剖检特点，结合临床症状、流行病学特点，对疾病做出正确诊断。

对死亡的兔尸或病兔进行解剖检查，通过对病死兔的内脏器官、组织病变进行观察，以便了解疾病所在的部位、性质，为明确诊断提供依据。

（1）剖检时间　剖检时间越早越好。夏季不超过2小时为宜。

（2）剖检地点　剖检最好在专门的剖检室（或兽医室）进行，便于消毒和清洗。如现场剖检，应选择远离兔舍和水源的场所进行（图4-2）。

（3）正常家兔脏器　了解家兔正常脏器对识别病理变化十分重要。家兔正常脏器见图4-3至图4-14。家兔外部、内脏器官病变提示常见疾病种类见表4-1至表4-5。

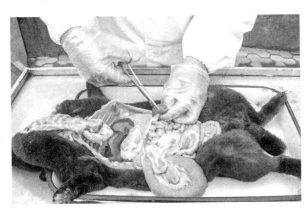

图4-2　剖检病兔

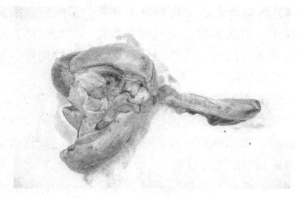

图 4-3 肺 脏

图 4-4 心脏与肺脏

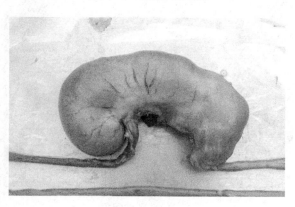

图 4-5 胃

图 4-6　脾　脏

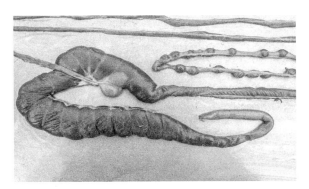

图 4-7　盲　肠

图 4-8　圆小囊

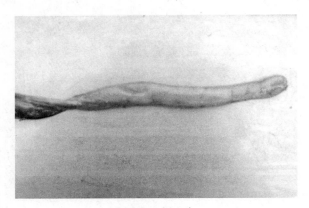

图 4-9　蚓　突

图 4-10　肝脏、胆囊

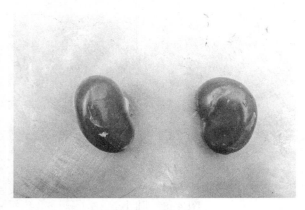

图 4-11　肾　脏

图 4-12 胸 腺

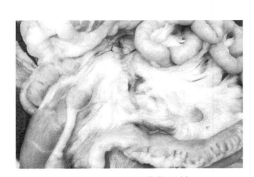

图 4-13 肠系膜淋巴结

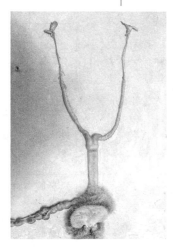

图 4-14 母兔生殖系统

　　在对尸体剥皮之前，应检查其外表状态。检查内容包括品种、性别、年龄、毛色、特征、体态、营养状况以及被毛、皮肤、天然孔、可视黏膜等，注意有无异常，同时注意尸体变化(尸冷、尸僵、有无腐败等)，以判定死亡的时间、体位。

表 4-1　家兔外部、皮下及上呼吸道异常、病变提示的常见疾病种类

检查部位	检查内容	提示疾病种类
外部	品种、性别、年龄、毛色、特征、体态、营养状况以及被毛、皮肤、天然孔、可视黏膜等	若体表脱毛、结痂，提示疥螨病、皮肤毛癣菌等
		体毛污染提示由球虫病、大肠杆菌病、魏氏梭菌病等引起腹泻
		皮下脓肿提示葡萄球菌病
		打喷嚏、流鼻涕、呼吸困难提示巴氏杆菌病、波氏杆菌病、克雷伯菌病等
		脚趾有灰白色结痂提示疥癣病
		耳内有痂皮，提示痒螨病
		鼻腔流泡沫血样，提示病毒性出血症
皮下	有无出血、水肿、炎性渗出、化脓、坏死、色泽异常等	皮下出血提示兔病毒性出血症
		皮下组织出血性浆液性浸润提示兔链球菌病
		皮下水肿，可提示黏液瘤病
		颈前淋巴结肿大或水肿提示李氏杆菌病
		皮下化脓病灶提示葡萄球菌病、兔痘、巴氏杆菌病
		乳房和腹部皮下结缔组织化脓，脓汁乳白色或淡黄色油状，则提示化脓性乳房炎
		皮下脂肪、肌肉及粘膜黄染提示肝片吸虫病
上呼吸道	鼻腔、喉头黏膜及气管环间是否有炎性分泌物、充血和出血	鼻腔内有白色粘稠的分泌物提示巴氏杆菌病、波氏杆菌病等
		鼻腔出血提示中毒、中暑、兔病毒性出血症等
		鼻腔流浆液性或脓性分泌物则提示巴氏杆菌病、波氏杆菌病、李氏杆菌病、兔痘、绿脓杆菌病等
		喉头、气管黏膜出血，呈现出血环，腔内积有血样泡沫提示兔病毒性出血症
		喉炎、支气管炎、斑疹则提示兔痘

表 4-2 胸腔及脏器病变提示的常见疾病种类

检查部位	检查内容	提示疾病种类
胸腔、肺	胸腔有否积液、色泽、胸膜状态，肺是否充血、出血、变性、有否坏死灶等	胸膜与肺、心包粘连、化脓或纤维性渗出提示巴氏杆菌病、葡萄球菌病、波氏杆菌病
		肺呈暗红色或紫色、肿大，有粟粒大小出血点、质度柔韧、切面暗红色，提示兔病毒性出血症
		肺炎提示巴氏杆菌病、葡萄球菌病、波氏杆菌病
		纤维性化脓性肺炎提示巴氏杆菌病、葡萄球菌病
		肺表面光滑、水肿、有暗红色实变区，切开有液体流出，有大小不等的脓灶、乳白色黏稠脓汁，提示波氏杆菌病
		肺充血、肿大，有片状实变区，提示野兔热
		肺有淡褐色至灰色坚实结节，具干酪样中心和纤维（组织包囊），提示兔结核病；肺上有斑疹、灰白色小结节提示兔痘
		胸腔内充满脓疱，提示兔巴氏杆菌病、波氏杆菌病、葡萄球菌病等
		浆液或纤维素性渗出，提示沙门氏菌病
		胸腔内积有血样液体，提示绿脓杆菌病
心、心包	心包、心肌有否充血、出血、变性、坏死灶等	心包积液、心肌出血，提示巴氏杆菌病
		心包液呈血样液体，提示兔绿脓杆菌病、魏氏梭菌病等
		心包液呈棕褐色，心外膜有纤维素渗出，提示葡萄球菌病、巴氏杆菌病
		心脏血管怒张、呈树枝状，提示魏氏梭菌病
		心肌暗红，外膜有出血点，心脏扩张，内充满多量血块，心室菲薄、质软，提示兔病毒性出血症
		心肌有小坏死灶，提示大肠杆菌病
		心包炎提示坏死杆菌病
		心肌有白色条纹，提示泰泽氏菌病
		心包淡褐色至灰色，有坚实结节，具干酪样中心和纤维组织包裹，提示结核病

表 4-3　腹腔、肝、胆、脾、肾病变提示的常见疾病种类

检查部位	检查内容	提示疾病种类
腹腔脏器	腹水、纤维素性渗出、寄生虫结节、脏器色泽、质地和有否肿胀、充血、出血、化脓灶、坏死、粘连等	腹水透明、增多，提示肝球虫病
		腹腔积有血样液体，提示兔绿脓杆菌病
		腹腔有纤维素或浆液性渗出，提示兔葡萄球虫病、巴氏杆菌病、沙门氏菌病
		腹腔有葡萄状透明囊附着于脏器或游离于腹腔，提示豆状囊尾蚴病
		肝脏表面有灰白色或淡黄色结节，结节为针尖大小时，提示沙门氏菌病、巴氏杆菌病、野兔热等
		当肝脏结节为绿豆大时，提示肝球虫病
		肝肿大、硬化、胆管扩张，提示肝球虫病、肝片吸虫病
		肝质脆，实质呈黄色，细胞间质增宽，提示病毒性出血症
		胆囊上有小结节，提示兔痘
		胆囊扩张、黏膜水肿，提示大肠杆菌病
		脾肿大，有大小不等的灰白色结节，切开结节有脓或干酪样物，提示伪结核病、沙门氏菌病、结核病
		脾肿大、瘀血，提示兔病毒性出血症、巴氏杆菌病
		脾坏死、脓肿，提示坏死杆菌病
		脾中度肿大、斑疹、灶性结节和小坏死区，提示兔痘
肾	大小、质地、形状，有否充血、出血等	肾充血、出血，提示兔病毒性出血症
		肾有结节，提示结核病
		肉芽肿性肾炎，肾表面凹凸不平，提示兔脑炎原虫病
		肾局部肿大突出、似鱼肉样病变，提示肾母细胞病、淋巴肉瘤等
		肾肿大或萎缩，用手揉捏有石头样感觉，提示肾结石

表 4-4　胃、道病变提示的常见疾病种类

检查部位	检查内容	提示疾病种类
胃	有否溃疡、出血、溃疡等	胃黏膜脱落，有大小不一的溃疡，浆膜有黑色溃疡斑提示魏氏梭菌病
		胃膨大，充满气体和液体，提示大肠杆菌病
		胃黏膜出血，表面附有黏液，提示兔病毒性出血症

（续）

检查部位	检查内容	提示疾病种类
肠道	有否水肿、充血、出血、结节等	肠黏膜（尤其是结肠）弥漫性出血、充血提示魏氏梭菌病
		回肠后段、结肠前段黏膜充血、出血，提示泰泽氏菌病
		肠黏膜充血、出血，黏膜下层水肿，提示沙门氏菌病
		十二指肠充满气体和黏有胆汁的黏液状液体，空肠充满半透明胶样液体，回肠内容物呈黏液样半固体，结肠扩张，有透明胶样液体，浆膜和黏膜充血或有出血斑点，直肠有胶冻样液体，提示大肠杆菌病
		肠道呈出血性肠炎，提示兔链球菌病
		肠黏膜充血、呈暗红色，表面附有多量黏液，浆膜充血、出血，提示兔病毒性出血症、球虫病
		小肠、结肠扩张，黏膜有出血斑点，提示仔兔轮状病毒病
		小肠黏膜有许多灰色小结节，提示肠球虫病
		肠道浆膜面稍突起、坚实，病变区大小不等，黏膜溃疡，提示结核病
盲肠	有否水肿、充血、出血、结节等	蚓突肥厚，圆小囊肿大、变硬，浆膜下有许多灰白色小结节，单个或成片存在，提示兔伪结核病
		盲肠、结肠腔内有水样褐色内容物，提示泰泽氏病
		盲肠壁水肿、增厚、充血，浆膜出血，提示大肠杆菌病、泰泽氏病；盲肠浆膜上有条纹状出血，提示魏氏梭菌病
膀胱	尿色如何、有否扩张等	积有茶色尿，提示魏氏梭菌病
		膀胱扩张、充满尿液，提示球虫病、葡萄球菌病
		蛋白尿，提示脑炎原虫病
生殖器	有否肿大、充血、蓄脓、溃疡等	子宫肿大、充血，有粟粒样坏死结节，提示沙门氏菌病
		子宫呈灰白色，宫内蓄脓，提示葡萄球菌病、巴氏杆菌病
		阴茎溃疡，周围皮肤龟裂、红肿、结节等，提示梅毒病
		阴囊、阴唇水肿、丘疹、痘疱、痂皮，提示兔痘
脑	有否充血、出血等	脑膜、脊髓膜出腔室脉络丛血管明显扩张、充血，提示兔病毒性出血症
脓汁	颜色、性状、气味等	若脓汁呈现乳白色，提示兔巴氏杆菌病、波氏杆菌病、葡萄球菌病、沙门氏菌病
		若脓汁有恶臭气，提示坏死杆菌病
		脓汁呈绿色且有特殊气味，提示绿脓杆菌病

表 4-5 尿、生殖器、脑病变提示的常见疾病种类

检查部位	检查内容	提示疾病种类
膀胱	尿色如何、有否扩张等	积有茶色尿，提示魏氏梭菌病
		膀胱扩张、充满尿液，提示球虫病、葡萄球菌病
		蛋白尿，提示脑炎原虫病
生殖器	有否肿大、充血、蓄脓、溃疡等	子宫肿大、充血，有粟粒样坏死结节，提示沙门氏菌病
		子宫呈灰白色，宫内蓄脓，提示葡萄球菌病、巴氏杆菌病
		阴茎溃疡，周围皮肤龟裂、红肿、结节等，提示梅毒病
		阴囊、阴唇水肿、丘疹、痘疱、痂皮，提示兔痘
脑	有否充血、出血等	脑膜、脊髓膜出腔室脉络丛血管明显扩张、充血，提示兔病毒性出血症
脓汁	颜色、性状、气味等	脓汁呈乳白色，提示兔巴氏杆菌病、波氏杆菌病、葡萄球菌病、沙门氏菌病
		脓汁有恶臭气，提示坏死杆菌病
		脓汁呈绿色且有特殊气味，提示绿脓杆菌病

4.实验室诊断

通过临床症状、剖检难以确诊的疾病，应进一步进行实验室检查。实验室诊断即利用实验室的各种仪器设备，通过实验室操作，对来自病兔的各种病料进行检查或检测，通过结果分析，对疾病作出比较客观和准确的判断。实验室检查的内容很多，对普通病一般只进行一些常规检查；对于某些传染病和寄生虫病则应做病原检查；若疑为中毒性疾病，有条件时可进行毒物检测。

5.综合诊断

根据流行病学调查、临床检查、病理剖检、实验室检查等资料，综合分析，最终作出诊断。根据结果，选择相应的治疗药物和方法，以达到治愈疾病的目的，同时做好今后兔病的预防工作。需要指出的是，兔病诊断过程需要具有丰富兽医、畜牧知识和实践经验，同时具备在众多信息中敏锐找出主要矛盾的能力。在具体诊断

过程中，要善于抓住特征性临床表现、流行特点或病理变化等，以迅速做出较为准确的诊断。因此，要求兽医工作者、养兔者不断加强业务学习，虚心向有经验的专家请教，在实践过程中勤于思考，这样就可在发生疾病时及时做出诊断。

（二）兔病治疗技术

1.保定方法

（1）徒手保定法

方法一：保定者一手将兔两耳及颈肩部皮肤大把抓起，另一手托起或抓住兔臀部和尾部即可（图4-15），并可使兔腹部向上，适合于眼、腹、乳房、四肢等疾病的诊治。

方法二：保定者抓住兔的颈部背部皮肤，将其放在

图4-15　家兔徒手保定法一

检查台上或桌上，两手抱住兔头，拇指、食指固定住根根部，其余三指压住前肢，即可达到保定的目的（图4-16）。适用于静脉注射、采血等操作。

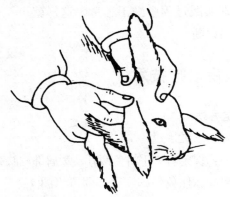

图4-16　家兔徒手保定法二

（2）手术台保定　将兔四肢分开，仰卧于手术台上，然后分别固定头和四肢（图4-17）。适用于兔的阉割、乳房疾病治疗和剖腹产等腹部手术。

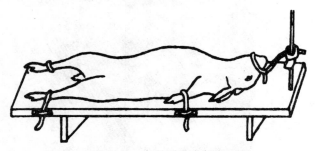

图4-17　兔的手术台保定

（3）保定盒、保定箱保定

保定盒保定：保定时，后盖开启，将兔头向内放入，待兔头从前端内套中伸出后，调节内套使之正好卡住兔头不能缩回筒内为宜，装好后盖（图4-18）。

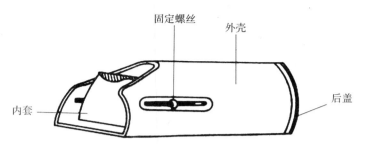

图 4-18　兔保定盒结构

保定箱保定：保定箱分箱体和箱盖两部分，箱盖上有一个半月形缺口，将兔放入箱内，拉出兔头，盖上箱盖，使兔头卡在箱外（图 4-19）。

此法适用于治疗头部疾病、耳静脉输液、灌药等。

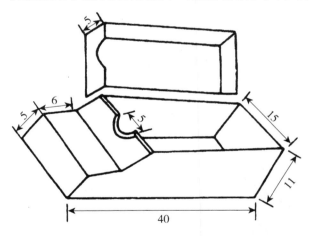

图 4-19　保定箱（单位：厘米）

（4）化学保定法　是应用镇静剂和肌松剂，如静松灵、戊巴比妥钠等使家兔安静、无力挣扎，剂量按说明使用。

2.给药方法

（1）口服给药

①自由采食法　适用于毒性小、适口性好、无不良

异味的药物，或兔患病较轻、尚有食欲或饮欲时。

方法:把药混于饲料或饮水中。饮水中药物应易溶于水。

注意事项：药物必须均匀地混于饲料或饮水中。本法多用于大群预防性给药或驱虫。

②灌服法　适用于药量小、有异味的片(丸)剂药物或食欲废绝的病兔。

方法：片剂药物要先研成粉状，把药物放入匙柄内(汤匙倒执)，饲养人员一手抓住兔耳部及颈部皮肤把兔提起，另一手用汤勺从一侧口角把药灌入兔口内，取出汤勺，让兔自由吞咽后再把兔放下（图4-20）。如果药量较多，药物放入兔口内后再灌少量饮水。如果是水剂可用注射器（针头取掉）从口角一侧慢慢把药挤进口腔。

注意事项：服药时要观察兔只吞咽与否，不能强行灌服，否则易灌入气管内造成异物性肺炎。

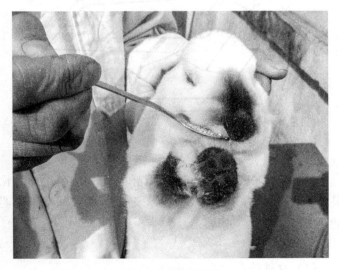

图4-20　灌服用药

③胃管给服法 一些有异味、毒性较大的药品或病兔拒食时采用此法。

方法：由助手保定兔并固定好头部，用开口器（木或竹制，长10厘米、宽1.8~2.2厘米，厚0.5厘米，正中开一比胃管稍大的小圆孔，直径约0.6厘米）使兔口腔张开，然后将胃管(或人用导尿管)涂上润滑油，经胃管穿过开口器上的小孔，缓缓向兔口腔咽部插入（图4-21）。当兔有吞咽动作时，趁其吞咽及时把导管插入食管，并继续插入胃内。

注意事项：插入正确时，兔不挣扎，无呼吸困难表现；或者将导管一端插入水中，未见气泡出现，即表明导管已插入胃内，此时将药液灌入。如误入气管，则应迅速拔出重插，否则会造成异物性肺炎。

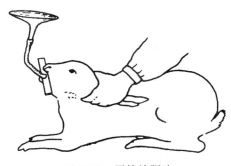

图4-21 胃管给服法

（2）注射给药

①皮下注射 主要用于疫苗注射和无刺激性或刺激性较小的药物。

部位：多在耳部后颈部皮肤处。

方法：注射部位用70%乙醇棉球消毒。用左手拇指和食指捏起皮肤，使成皱褶。右手持针斜向将针头刺入，缓缓注入药液（图4-22）。注射结束后将针头拔出，用乙醇棉球按压消毒。

注意事项：宜用短针头，以防刺入肌肉内。如果注射正确，可见局部隆起。

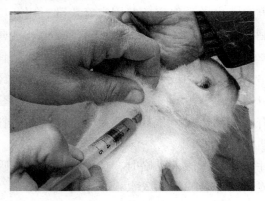

图4-22　皮下注射

②肌内注射　适用于多种药物，但不适用于强刺激性药物(如氯化钙等)。

部位：多可选在臀肌和大腿部肌肉。

方法：注射部位用70%乙醇棉球消毒。将针头刺入肌肉内，回抽无回血后，缓缓注入药物（图4-23）。拔出针头，用乙醇棉球按压消毒。

注意事项：一定要保定好兔只，防止兔子乱动，以免针头在肌肉内移动伤及大血管、神经和骨骼。

图4-23　大腿内侧肌内注射

③静脉注射　刺激性强、不宜做皮下或肌内注射的药物，或用于病情严重时进行补液。

部位：一般在耳静脉进行。

方法：先把刺入部位的毛拔掉，用70%乙醇棉球消毒，静脉不明显时，可用手指弹击兔耳壳数下或用酒精反复涂擦刺激静脉处皮肤，直至静脉充血怒张，立即用左手拇指与无名指及小指相对，捏住耳尖部，将针头沿着耳静脉刺入，缓缓注射药物（图4-24）。拔出针头，用乙醇棉球按压注射部位1~2分钟，以免出血。

注意事项：一定要排净注射器内的气泡，否则兔只会因栓塞而死亡。第一次注射先从耳尖的静脉部开始，以免影响以后刺针；油类药剂不能静脉注射；注射钙剂要缓慢；药量多时要加温。

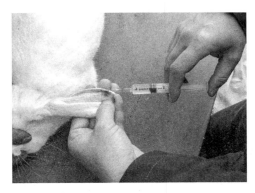

图4-24　静脉注射

④腹腔内注射　多在静脉注射困难或家兔心力衰竭时选用。

部位：在兔的脐后部腹底壁、偏腹中线左侧3毫米处。

方法：注射部位剪毛后消毒，抬高家兔后躯，对着脊柱方向，针头呈60°刺入腹腔，回抽活塞不见气泡、液体、血液和肠内容物后注药（图 4-25）。刺针不宜过深，以免伤及兔的内脏。怀疑肝、肾或脾肿大时，要特别小心。

注意事项：注射最好是在兔的胃、膀胱空虚时进行。一次补液量为 50～300 毫升，但药液不能有较强刺激性。针头长度一般以 2.5 厘米为宜。药液温度应与兔体温相近。

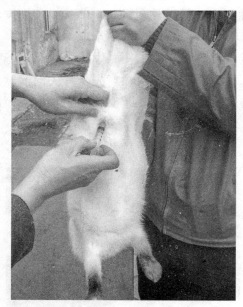

图 4-25　腹腔注射

（3）灌肠　发生便秘、毛球病等时口服给药效果不好，可选用灌肠。

方法：一人将兔蹲卧在桌上保定，提起尾巴，露出肛门；另一人将橡皮管或人用导尿管涂上凡士林或液体石蜡后，缓缓自兔的肛门插入，深度 7～10 厘米。然后将盛有药液的注射器与导管连接，即可灌注药液（图 4-26）。灌注后使导管在肛门内停留 3 分钟左右，然后拔出。

注意事项：药液温度应接近兔的体温。

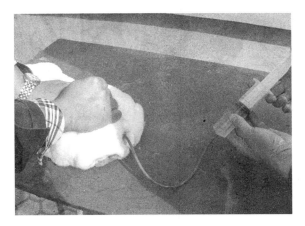

图 4-26 灌 肠

（4）局部给药

①点眼 适用于结膜炎，可将药液滴入眼结膜囊内。如为眼膏，则将药物挤入眼结膜囊内。眼药水滴入后不要立即松开右手，否则药液会被挤压并经鼻泪管开口而流失。一般每隔 2～4h 点眼 1 次。

②涂擦 将药物溶液剂和软膏剂涂在皮肤或黏膜上，主要用于皮肤、黏膜的感染及疥癣、毛癣菌等治疗。

③洗涤 用药物溶液冲洗皮肤和黏膜，以治疗局部的创伤、感染。如眼结膜炎、鼻腔及口腔黏膜的冲洗、皮肤化脓创的冲洗等。常用的有生理盐水和 0.1% 高锰酸钾溶液等。

五、主要兔病防制技术

目标

- 掌握魏氏梭菌病、大肠杆菌病、巴氏杆菌病、葡萄球菌病等细菌性传染病的临床症状和防控措施
- 掌握兔出血症（兔瘟）的免疫程序
- 掌握毛癣菌病、球虫病、豆状囊尾蚴、螨病的防控措施
- 掌握腹泻、霉菌毒素中毒的防控措施

（一）传染病

1.魏氏梭菌病

兔魏氏梭菌病又称兔梭菌性肠炎，主要由 A 型魏氏梭菌及其所产生的外毒素引起兔的一种死亡率极高的致死性肠毒血症。以泻出大量水样粪便，导致兔迅速死亡为特征，是为害养兔业的重要疾病。

【病原】主要为 A 型魏氏梭菌（图 5-1），少数为 E 型魏氏梭菌。本菌属条件性致病菌，革兰氏染色阳性，厌氧条件下生长繁殖良好。可产生多种毒素。

纯培养物中魏氏梭菌的形态，呈革兰氏阳性大杆菌，芽孢位于菌体中央，呈卵圆形（王永坤等，1990）。

【流行特点】不同年龄、品种、性别的家兔对本病

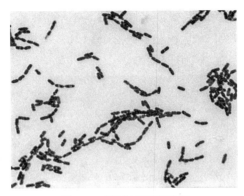

图 5-1　魏氏梭菌的形态

均易感。一年四季均可发生，但以冬春两季发病率最高。各种应激因素均可诱发本病发生，如长途运输、青粗料短缺、饲料配方突然更换（尤其从低能量、低蛋白饲粮向高能量、高蛋白饲粮转变）、长期饲喂抗生素、气候骤变等。消化道是主要传播途径。

【典型症状与病变】急性腹泻。粪便有特殊腥臭味，呈黑褐色或黄绿色，污染肛门等部位（图 5-2 至图 5-4）。轻摇兔体可听到"咣、咣"的拍水声。出现水泻的病兔多于当天或次日死亡。流行期间也可见无下痢症状即迅速死亡的病例。胃多胀满，黏膜脱落，有出血斑点和溃疡（图 5-5 至图 5-8）。小肠壁充血、出血，肠腔充满含气泡的稀薄内容物（图 5-9）。盲肠黏膜有条纹状出血，

图 5-2　幼兔腹泻
（尾部、腹部沾有水样粪便）（任克良）

内容物呈黑色或黑褐色水样（图5-10和图5-11）。心脏表面血管怒张、呈树枝状（图5-12）。有的膀胱内积有茶色或蓝色尿液（图5-13）。

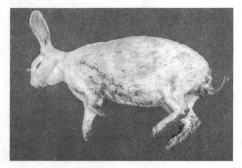

图5-3　腹部膨大、腹泻（成年兔）
（水样粪便污染肛门周围及尾部）（任克良）

图5-4　被毛染污
（腹部、肛门周围和后肢被毛被水样稀粪或黄绿色粪便沾污）（任克良）

图5-5　胃黏膜脱落
（胃内充满食物，黏膜脱落）（任克良）

图 5-6 出血性胃炎

（胃黏膜脱落，有大量出血斑和出血点）（任克良）

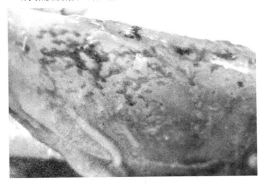

图 5-7 溃疡性胃炎

（胃黏膜有许多浅表性溃疡）（任克良）

图 5-8 胃黏膜的黑色溃疡

（通过胃浆膜可见到胃黏膜有大小不等的黑色溃疡斑点）（任克良）

图 5-9　肠壁瘀血

（小肠壁瘀血、出血，肠腔充满气体和稀薄内容物）（任克良）

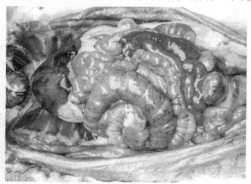

图 5-10　肠道病变（怀孕母兔）

（盲肠有出血性条纹）（任克良）

图 5-11　盲肠浆膜出血

（盲肠浆膜出血，呈横向红色条带形）　（任克良）

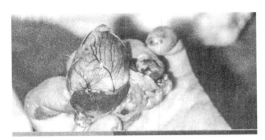

图 5-12　心外膜充血

（心脏表面血管怒张，呈树枝状充血）（任克良）

图 5-13　膀胱积尿

（膀胱积尿，尿液呈蓝色）（任克良）

【诊断要点】①发病不分年龄，以 1~3 月龄幼兔多发，饲料配方、气候突变、长期饲喂抗生素等多种应激因素均可诱发本病；②急性腹泻后迅速死亡，粪便稀、恶臭、常带血液，通常体温不高；③胃与盲肠有出血、溃疡等特征病变；④抗生素治疗无效；⑤病原菌及其毒素检测。

【防治措施】①加强饲养管理。饲粮中应有足够的木质素，变换饲料应逐步进行，以减少各种应激的发生；②规范用药。预防兔病注意掌握抗生素种类、剂量和时间。禁止使用林可霉素、克林霉素等抗生素；③预防接种。兔群定期皮下注射 A 型魏氏梭菌灭活苗，每年 2 次，每次 2 毫升。

发生本病后，及时隔离病兔，对患兔兔笼及周围环境进行彻底消毒。在饲料中增加粗饲料比例的同时，注射 A 型魏氏梭菌高免血清，每千克体重 2~3 毫升，皮下、肌内或静脉注射。感染早期可试用卡那霉素，每千克体重 20 毫升，肌内注射，每天 2 次，连用 3 天。也可用二甲基三哒唑混饲，每千克饲料 500 毫克，效果可靠。同时配合对症治疗，如腹腔注射 5%葡萄糖生理盐水进行补液，口服食母生（每只 5~8 克）和胃蛋白酶（每只 1~2 克），疗效更好。

【诊治注意事项】 诊断本病应注意腹泻症状和出血性胃肠炎的病变。急性发生时胃肠道病理变化不明显，要仔细观察。应注意与泰泽氏菌病、大肠杆菌病、沙门氏菌病、球虫病、霉变饲料中毒等疾病进行鉴别诊断。初期治疗效果较好，晚期无效。对无临诊症状的兔紧急注射疫苗，剂量加倍。

2.大肠杆菌病

兔大肠杆菌病又称兔黏液性肠炎，是由一定血清型的致病性大肠杆菌及其毒素引起的一种暴发性、死亡率很高的仔、幼兔肠道传染病。本病的特征为水样或胶冻样粪便及脱水，是断奶前后家兔致死的主要疾病之一。

【病原】埃希氏大肠杆菌为革兰氏阴性菌，呈椭圆形。引起仔兔大肠杆菌病的主要血清型有 O128、O85、O88、O119、O18 和 O26 等。

【流行特点】本病一年四季均可发生，主要侵害初生和断奶前后的仔、幼兔，成兔发病率低。大肠杆菌为肠道正常寄生菌，正常情况下不发病，当有饲养管理不良（如饲料配方突然变换、饲喂量突然增加、采食大量冷冻饲料和多汁饲料、断奶方式不当等）、气候突变等应激因素时，肠道正常菌群活动受到破坏，肠道内致病性大肠杆菌数量急剧增加，其产生的毒素大量积累，引起腹泻。兔群一旦发生本病，常因场地、兔笼被污染而引起大流行，造成仔、幼兔大量死亡。第一胎仔兔发病率和死亡率较高，其他细菌(如魏氏梭菌、沙门氏菌)病、轮状病毒病、球虫病等也可诱发本病的发生。

【典型症状与病变】以下痢、流涎为主。最急性的未见任何症状兔突然死亡，急性的1~2天内死亡，亚急性的7~8天死亡。体温正常或稍低，待在笼中一角，四肢发冷，发出磨牙声（可能系疼痛所致），精神沉郁，被毛粗乱，腹部膨胀（因肠道充满气体和液体）。病初有黄色明胶样黏液和附着有该黏液的干粪排出（图5-14和图5-15），有时带黏液粪球与正常粪球交替排出，随后出现黄色水样稀粪或白色泡沫（图5-16）。主要病理变化为胃肠炎，小肠内含有较多气体和淡黄色的黏液，大肠内有黏液样分泌物，也可见其他病变（图5-17至图5-20）。

【诊断要点】①有改变饲料配方、变换笼位、气候突变等应激史；②断奶前后仔、幼兔多发，同笼仔幼兔相继发生；③从肛门排出黏胶状物；④有明显的黏液性肠炎病变；⑤病原菌及其毒素检测。

图5-14　病兔粪便

（患兔排出大量淡黄色明胶样黏液和干粪球）（任克良）

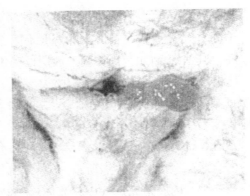

图 5-15　病兔粪便

（排出黄色胶冻样黏液）（任克良）

图 5-16　泡沫状粪便

（流行期，用手挤压肛门仅排出白色泡沫状粪便）（任克良）

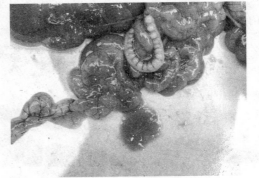

图 5-17　肠道病变

（肠腔内黏液呈淡黄色）（任克良）

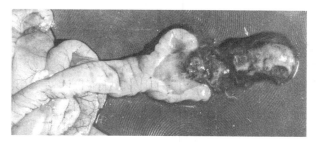

图 5-18　黏液性肠炎
（剖开结肠时有大量胶样物流出（↑），粪便被胶样物包裹）（陈怀涛）

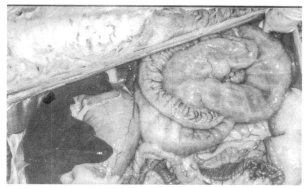

图 5-19　盲肠病变（成年兔）
（盲肠黏膜水肿、充血）（任克良）

图 5-20　胃臌气（哺乳仔兔）
（胃臌气、膨大，小肠内充满半透明黄绿色胶样物）（任克良）

【防治措施】 减少各种应激。仔兔断奶前后不能突然改变饲料，提倡原笼原窝饲养，饲喂要遵循"定时、定量、定质原则"，春秋季要注意保持兔舍温度的相对恒定。20～25日龄仔兔皮下注射大肠杆菌灭活苗。用本场分离的大肠杆菌制成的菌苗预防注射，效果确切。

治疗：①最好先对从病兔分离到的大肠杆菌做药敏试验，选择敏感药物进行治疗，如氟哌酸、环丙沙星、恩诺沙星等。②链霉素，每千克体重20毫克肌内注射，每天2次，连用3～5天。③庆大霉素，每兔1万～2万单位肌内注射，每天2次，连用3～5天；也可在饮水中添加庆大霉素药物。④促菌生菌液。每只2毫升(约10亿活菌)口服，每天1次，连用3次。⑤对症治疗。可在皮下或腹腔注射葡萄糖生理盐水或口服生理盐水等，以防脱水。

【诊治注意事项】 注意与有腹泻症状的泰泽氏病、球虫病、沙门氏菌病、魏氏梭菌病等的鉴别。本病腹泻的特征是黏胶样肠内容物，这是鉴别要点之一。本病早期治疗效果较好，晚期治疗效果差。按时注射大肠杆菌菌苗对预防兔群发病具有一定的意义。

3.巴氏杆菌病

巴氏杆菌病是家兔一种重要的常见传染病，临诊病型多种多样。

【病原】 多杀性巴氏杆菌为革兰氏阴性菌，两端钝圆、细小，呈卵圆形的短杆状。菌体两端着色深，但培养物涂片染色，则两极着色不够明显。

【流行特点】多发生于春秋两季，常呈散发或地方性流行。多数家兔鼻腔黏膜带有巴氏杆菌，但不表现临床症状。当各种(如长途运输、过分拥挤、饲养管理不良、空气质量不良、气温突变、疾病等)应激因素作用下，机体抵抗力下降，存在于上呼吸道黏膜以及扁桃体内的巴氏杆菌则大量繁殖，侵入下部呼吸道，引起肺病变，或由于毒力增强而引起本病的发生。呼吸道、消化道或皮肤、黏膜伤口为主要传染途径。

【典型症状与病变】

败血型：急性发病兔精神萎靡，停食，呼吸急促，体温达 41℃以上，鼻腔流出浆液、脓性鼻涕。死前体温下降，四肢抽搐。病程短的 24 小时内死亡，长的 1～3 天死亡。流行之初有的兔不显症状而突然死亡。剖检为全身性出血、充血和坏死（图 5-21 至图 5-29）。该型可单独发生或继发于其他任何一型巴氏杆菌病，但最多见于鼻炎型和肺炎型之后，此时可同时见到其他型的症状和病变。

肺炎型：以急性纤维素性化脓性肺炎和胸膜炎为特征。病初兔食欲不振、精神沉郁，主要症状为呼吸困难（图 5-30），常以败血症告终。剖检见纤维素性、化脓性、坏死性肺炎以及纤维素性胸膜炎和心包炎变化（图 5-31 至图 5-33）。

鼻炎型：以浆液性、黏液脓性或眼性鼻液特征的鼻炎和副鼻窦炎为特征，从鼻腔流出大量鼻液（图 5-34 和图 5-35）。

中耳炎型：单纯中耳炎多无明显症状，如炎症蔓延至内耳或脑膜、脑质，则可表现斜颈，头向一侧偏斜，甚至出现运动失调和其他神经症状（图 5-36）。剖检时在一侧或两侧鼓室内有白色或淡黄色渗出物（图 5-37）。鼓膜破裂时，从外耳道流出炎性渗出物。也可见化脓性内耳炎和脑膜脑炎。

结膜炎型：眼睑中度肿胀，结膜发红，有浆液性、黏液性或黏液脓性分泌物（图 5-38）。

生殖系统感染型：母兔感染时无明显症状，或表现为不孕并有黏液性脓性分泌物从阴道流出。子宫扩张，黏膜充血，内有脓性渗出物（图5-39和图5-40）。公兔感染初期附睾出现病变；随后一侧或两侧睾丸肿大、质地坚实，有的发生脓肿（图5-41）；有的阴茎有脓肿（图5-42）。

图5-21　浆液出血性鼻炎

（鼻腔黏膜充血、出血、水肿，附有淡红色鼻液）（陈怀涛）

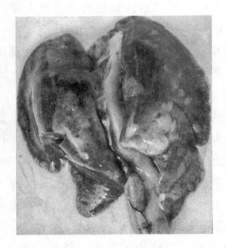

图5-22　出血性肺炎

（肺充血、水肿，有许多大小不等的出血斑点）（陈怀涛）

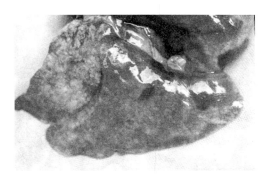

图 5-23　纤维素性肺炎

（部分肺叶因纤维素渗出而质地实在，呈明显肝变现象）（陈怀涛）

图 5-24　心包积液

（心包腔积液，心外膜和肺表面有大量出血斑点）（陈怀涛）

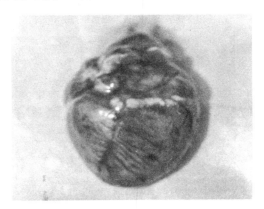

图 5-25　心外膜出血

（心外膜血管充血并有明显出血）（陈怀涛）

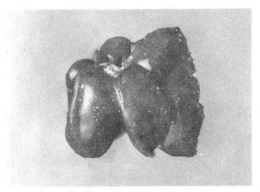

图 5-26　肝坏死点

（肝表面散在大量灰黄色坏死点）（陈怀涛）

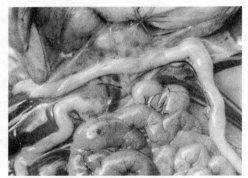

图 5-27　肠浆膜出血

（结肠和空肠浆膜散在较多出血斑点）（陈怀涛）

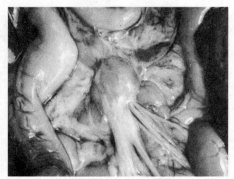

图 5-28　淋巴结出血

（肠系膜淋巴结肿大、出血）（陈怀涛）

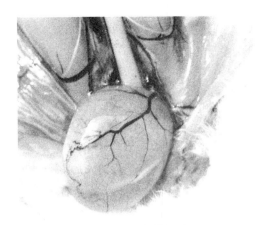

图 5-29　膀胱积尿

（膀胱积尿，血管怒张；直肠浆膜有出血点）（陈怀涛）

图 5-30　肺炎型

（鼻腔有黏性分泌物，呼吸困难）（任克良）

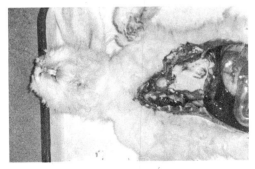

图 5-31　肺脓肿

（病兔剖检可见肺有脓肿，脓肿内为大量白色脓汁）（任克良）

图 5-32　纤维素性胸膜肺炎

（肺和心外膜有纤维素性化脓性渗出物）（陈怀涛）

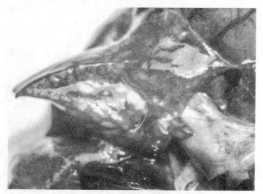

图 5-33　化脓性肺炎

（肺质地实在，呈灰红色，切面有灰黄色脓液流出）（陈怀涛）

图 5-34　黏性鼻炎

（鼻孔内有大量黏性白色分泌物）（任克良）

图 5-35　黏脓性鼻炎

（鼻孔周围有大量黏脓性分泌物附着，分泌物
干涸，病兔呼吸困难）（任克良）

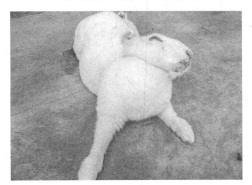

图 5-36　中耳炎（一）

（中耳炎致脑部病变时，头颈明显偏向一侧，运动失调）（任克良）

图 5-37　中耳炎（二）

（表现中耳炎，外耳与内耳内有淡黄色渗出物）（任克良）

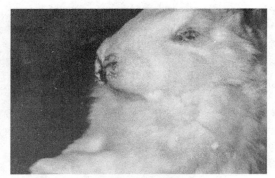

图 5-38　结膜炎

（结膜发炎，有黄白色脓性分泌物）（任克良）

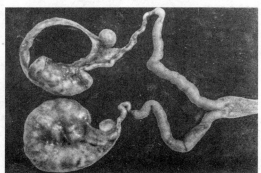

图 5-39　化脓性子宫内膜炎与输卵管炎

（子宫角与输卵管因脓液大量积聚而增粗）（范国雄）

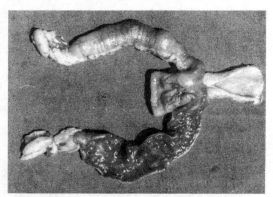

图 5-40　出血性化脓性子宫内膜炎

（子宫黏膜充血、水肿并有灰红色脓液）（陈怀涛）

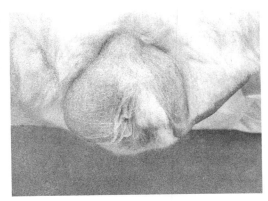

图 5-41　睾丸炎

(睾丸明显肿大，质地坚实)(任克良)

图 5-42　生殖器脓肿

(阴茎上有脓肿)(任克良)

脓肿型：全身各部皮下、内脏均可发生脓肿，皮下脓肿可触摸到。脓肿内含有白色、黄褐色奶油状脓汁。

【诊断要点】春、秋季多发，呈散发或地方性流行。除精神委顿、不食与呼吸急促外，根据不同病型的症状、病理变化可做出初步诊断，但确诊需做细菌学检查。

【防治措施】建立无多杀性巴氏杆菌种兔群。定期消毒兔舍，降低饲养密度，加强通风。对兔群经常进行临诊检查，将流鼻涕、鼻毛潮湿蓬乱、中耳炎、结膜炎的兔及时检出，隔离饲养和治疗。每年 2~3 次皮下注射兔巴氏杆菌灭活菌苗，每次注射 1 毫升。

治疗：①青霉素、链霉素联合注射。每千克体重青霉素 2 万 ~4 万单位、链霉素 20 毫克，混合一次肌内注射，每天 2 次，连用 3 天。②磺胺二甲嘧啶。内服，首次量每千克体重 0.2 克，维持量为 0.1 克，每天 2 次，连用 3 ~ 5 天。③皮下注射抗巴氏杆菌高免血清，每千克体重 6 毫升，8 ~ 10 小时再重复注射 1 次。

【诊治注意事项】 本病病型较多，因此诊断时要特别仔细，并注意与兔出血症、葡萄球菌病、波氏杆菌病、李氏杆菌病等相鉴别。

4.支气管败血波氏杆菌病

支气管败血波氏杆菌病是由支气管败血波氏杆菌引起家兔的一种呼吸系统传染病，其特征为鼻炎和支气管肺炎，前者常呈地方性流行，后者则多为散发性。本病多见于气候多变的春、秋两季。

【病原】支气管败血波氏杆菌为一种细小杆菌，革兰氏染色阴性，常呈两极染色，是家兔上呼吸道的常在寄生菌。

【流行特点】本病多发于气候多变的春秋两季，冬季兔舍通风不良时也易流行。传染途径主要是呼吸道。病兔打喷嚏和咳嗽时病菌污染环境，并通过空气直接传给相邻的健康兔，当兔患感冒、寄生虫病等时，均易诱发本病。本病常与巴氏杆菌、李氏杆菌病等并发。

【典型症状与病变】鼻炎型：较为常见，多与巴氏杆菌混合感染，鼻腔流出浆液或黏液性分泌物 (通常不呈脓性) (图 5-43)。病程短，易康复。支气管肺炎型：鼻腔流出黏性至脓性分泌物，鼻炎长期不愈，病兔精神沉郁、食欲不振、逐渐消瘦、呼吸加快。成年兔多为慢性，幼兔和青年兔常呈急性。剖检时，如为支气管肺炎型，支气管腔可见混有泡沫的黏脓性分泌物，肺有大小不等、数量不一的脓疱，肝、肾等器官也可见或大或小的脓疱（图5-44至图5-50）。

【诊断要点】　①有明显鼻炎、支气管肺炎症状；②有特征性的化脓性支气管肺炎和肺脓疱等病变；③病原菌分离鉴定。

图 5-43　鼻　炎
（鼻孔流出黏液性鼻液）（任克良）

图 5-44　肺脓疱
（肺上连接一个约鸡蛋大小的脓疱）（任克良）

图 5-45　肺脓疱
（肺表面和实质见大量脓疱）（任克良）

图 5-46　胸腔与心包腔积脓（哺乳仔兔）
（左肺与胸腔表面有脓汁黏附，心包腔，内有黏稠、乳
油样的白色脓液）（任克良）

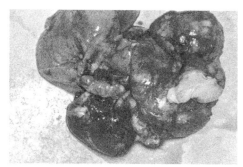

图 5-47　肺脓疱

（肺上一个脓疱已切开，从中流出白色乳油状脓汁）（任克良）

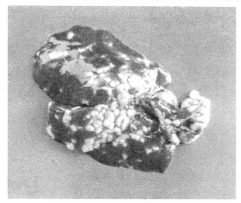

图 5-48　肝多发性脓疱

（肝组织中密布许多较小的脓疱）（王永坤）

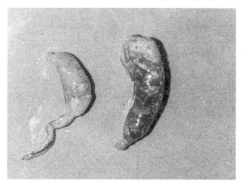

图 5-49　睾丸脓疱

（两个睾丸中均有一些大小不等的脓疱）（王永坤）

图 5-50 肾脓疱
（肾组织可见大小不等的脓疱）（任克良）

【防治措施】保持兔舍清洁和通风良好。及时检出、治疗或淘汰有呼吸道症状的病兔。定期注射兔波氏杆菌灭活苗，每只皮下注射 1 毫升，免疫期 6 个月，每年注射 2 次。

治疗：①庆大霉素，每只每次 1 万~2 万单位，肌内注射，每天 2 次。②卡那霉素，每只每次 1 万~2 万单位，肌内注射，每天 2 次。③链霉素，每千克体重 20 毫克，肌内注射，每天 2 次。

【诊治注意事项】鼻炎型应与巴氏杆菌病及非传染性鼻炎相鉴别，支气管肺炎型应与巴氏杆菌病、绿脓假单胞菌病及葡萄球菌病相鉴别。本病停药后易复发，内脏脓疱的病例治疗效果不明显，应及时淘汰。

5.葡萄球菌病

兔葡萄球菌病是由金黄色葡萄球菌引起的常见传染病。其特征为身体各器官脓肿形成或发生致死性脓毒败血症。

【病原】金黄色葡萄球菌在自然界分布广泛，革兰氏染色阳性，能产生高效价的 8 种毒素。家兔对本菌特别敏感。

【流行特点】 家兔是对金黄色葡萄球菌最敏感的动物之一。通过各种不同途径都可能发生感染，尤其是皮肤、黏膜损伤，哺乳母兔的乳头口是葡萄球菌进入机体的重要门户。通过飞沫经上呼吸道感染时，可引起上呼吸道炎症和鼻炎。通过表皮擦伤或毛囊、汗腺引起皮肤感染时，可发生局部炎症，并可导致转移性脓毒血症。通过哺乳母兔的乳头口以及乳房损伤感染时，可患乳房炎。仔兔吮吸含本菌的乳汁、产箱污染物等，均可患黄尿病、败血症等。

【典型症状与病变】 常表现以下几种病型：

（1）脓肿 原发性脓肿多位于皮下或某一内脏（图5-51和图5-52），用手触摸时兔有痛感、稍硬、有弹性，以后逐渐增大、变软。脓肿破溃后流出浓稠、乳白色的脓液。一般患兔精神、食欲正常。以后可引起脓毒血症，并在多脏器发生转移性脓肿或化脓性炎症（图5-53）。

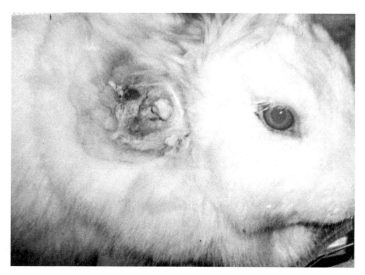

图 5-51 脓 肿 （一）

（颈侧有一脓肿，已破溃，脓液呈白色乳油状）（任克良）

图 5-52　脓　肿　(二)

(下唇部的脓肿，因其影响采食致病兔消瘦)　(任克良)

图 5-53　脓　肿　(三)

(腹腔内有数个大小不等的脓肿，内有白色乳

油状脓液)　(任克良)

　　(2) **仔兔脓毒败血症**　出生后 2～3 天皮肤发生粟粒大白色脓疱 (图 5-54)，多与垫草粗糙、刺伤皮肤有关，脓汁呈乳白色乳油状，多数在 2～5 天因败血症死亡。剖检时肺脏和心脏也常见许多白色小脓疱。

图 5-54　皮肤多发性脓疱

（皮肤上散在许多粟粒大的小脓疱）（任克良）

（3）乳房炎　产后 5 ~ 20 天的母兔多发。在急性病例，乳房肿胀、发热、色红、有痛感，乳汁中混有脓液和血液。慢性时，乳房局部形成大小不一的硬块，之后发生化脓，脓肿可破溃流出脓汁（图 5-55 和图 5-56）。

图 5-55　化脓性乳腺炎（一）

（数个乳头周围都有脓肿形成）（任克良）

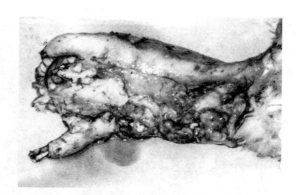

图 5-56　化脓性乳腺炎（二）

（乳腺区切面见许多大小不等的脓肿，脓液呈白色乳油状）（任克良）

（4）仔兔急性肠炎（黄尿病）　仔兔食入患乳房炎母兔的乳汁或产箱垫料被污染引起。一般全窝发生，病仔兔肛门四周和后肢被黄色稀粪污染（图 5-57 和图 5-58），仔兔昏睡、不食，死亡率高。剖检见出血性胃肠炎病变（图 5-59 和图 5-60）。膀胱极度扩张并充满尿液，氨臭味极浓（图 5-61）。

图 5-57　仔兔后肢被黄色稀粪污染　（任克良）

图 5-58　仔兔急性肠炎

（肛门四周和后肢被毛被稀粪污染）（任克良）

图 5-59　出血性肠胃炎

（胃内充满食物，如乳汁，浆膜出血，小肠壁瘀血、色红）（任克良）

图 5-60　肠浆膜出血

（肠浆膜有大量出血点，小肠内充满淡黄色黏液）（任克良）

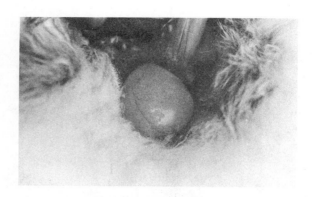

图 5-61　膀胱积尿
（膀胱扩张，充满淡黄色尿液）（陈怀涛）

　　（5）足皮炎、脚皮炎　足皮炎的病变部大小不一，多位于足底部后肢跖趾区的跖侧面（图 5-62），偶见于前肢掌指区的跖侧面，该病型极易因败血症迅速死亡，致死率较高。脚皮炎在足底部，病变部皮肤脱毛、红肿，之后形成脓肿、破溃，最终形成大小不一的溃疡面。病兔小心换脚休息，跛行，甚至出现跷腿、弓背等症状。

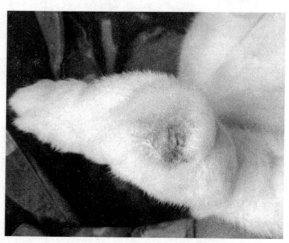

图 5-62　脓　肿
（后肢跖侧面的一个脓肿，已经发生破溃，流出
白色乳油状脓液）（任克良）

【诊断要点】根据皮肤、乳腺和内脏器官的脓肿及腹泻等症状与病变可怀疑本病，确诊应进行病原菌分离鉴定。

【防治措施】清除兔笼内一切锋利的物品；产箱内垫草要柔软、清洁；兔体受外伤时要及时进行消毒处理；注射疫苗部位要消毒处理；产仔前后的母兔适当减少饲喂量和多汁饲料供给量；发病率高的兔群要定期注射葡萄球菌菌苗，每年2次，每次皮下注射1毫升。

局部治疗：局部脓肿与溃疡按常规外科处理，涂擦5%龙胆紫酒精溶液，或3%~5%碘酒、3%结晶紫石炭酸溶液、青霉素软膏、红霉素软膏等药物。

全身治疗：新青霉素Ⅱ，每千克体重10~15毫克，肌内注射，每天2次，连用4天。也可用四环素、磺胺类药物治疗。

【诊治注意事项】眼观初步诊断时一定要发现化脓性炎症，仔兔肠炎要注意与其他疾病所致的肠炎相鉴别。由于巴氏杆菌病、绿脓杆菌病等也可表现化脓性炎症，因此要从病原和病变等方面来进行鉴别。治疗仔兔急性肠炎时，对母兔和仔兔要同时治疗。足皮炎治疗不及时极易因败血病迅速死亡。

6.肺炎克雷伯氏菌病

肺炎克雷伯氏菌病是由肺炎克雷伯氏菌引起家兔的一种散发性传染病。青年兔、成兔以肺炎及其他器官化脓性病灶为特征，幼兔以腹泻为特征。

【病原】肺炎克雷伯氏菌为革兰氏阴性、短粗、卵圆形杆菌。

【流行特点】本菌为肠道、呼吸道、土壤、水和谷物等的常见菌。当兔机体抵抗力下降或其他原因造成应激，可促使本病的发生。各种年龄、品种、性别的兔均易感染，但以断奶前后仔兔及怀孕母兔发病率最高，受害最为严重。

【流行特点】本菌为肠道、呼吸道、土壤、水和谷物等的常见菌。当兔机体抵抗力下降或其他原因造成应激时，可促使本病发生。各种年龄、品种、性别的兔均易感染，但以断奶前后仔兔及怀孕母兔发病率最高，受害最为严重。

【典型症状与病变】青年、成年患兔病程长，无特殊临诊症状，一般表现为食欲逐渐减少和渐进性消瘦，被毛粗乱，行动迟钝，呼吸急促，打喷嚏，流鼻液（图5-63）。剖检可见患兔肺部和其他器官、皮下、肌肉有脓肿，脓液黏稠、呈灰白色或白色（图5-64和图5-65）。幼兔剧烈腹泻，迅速衰弱，终至死亡。幼兔肠道黏膜瘀血，肠腔内有多量黏稠物和少量气体(图5-66)。怀孕母兔发生流产。

【诊断要点】根据症状、病理变化可做出初步诊断，确诊需要做病原鉴定。

图 5-63　病兔一般症状
（精神沉郁，消瘦，呼吸急促）　（任克良）

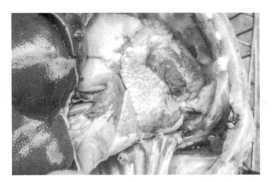

图 5-64　肺实变

（病变部颜色变深、实变，肺表面凹凸不平）　（任克良）

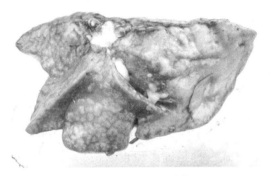

图 5-65　化脓性肺炎

（肺切面多处见白色脓汁流出）（任克良）

图 5-66　肠瘀血（一）

（肠壁瘀血、色暗红，肠腔内积有大量液体）　（王云峰等）

【防治措施】本病目前无特异性预防方法。平时加强清洁卫生和防鼠、灭鼠工作。一旦发现病兔，及时隔离治疗，对其所用兔笼、用具进行消毒。

治疗首选药物为链霉素，每千克体重肌内注射2万单位，每天2次，连用3天。也可用氟哌酸、环丙沙星、庆大霉素注射液等。

【诊治注意事项】兔群一旦感染，很难根除。本病应与肺炎球菌病、溶血性链球菌病、支气管败血波氏杆菌病、绿脓假单胞菌病及仔兔大肠杆菌病相鉴别。本病属人兽共患病，应注意个人卫生防护。

7.沙门氏菌病

沙门氏菌病又称副伤寒，是由沙门氏菌属细菌引起兔的一种传染病，幼兔多表现为腹泻和败血症，怀孕母兔主要表现为流产。

【病原】 兔副伤寒的病原菌主要为鼠伤寒沙门氏菌和肠炎沙门氏菌，为革兰氏阴性卵圆形小杆菌。

【流行特点】断奶幼兔和怀孕25天后的母兔易发病。传播方式一种是健康兔食入被病兔或鼠类污染的饲料和饮水；另一种是健康兔肠内寄生的本菌，在各种应激因素作用下，兔体抵抗力下降，病菌趁机繁殖且毒力增强而引起发病。仔兔还可经子宫内或脐带感染。

【典型症状与病变】个别兔不显症状突然死亡。幼兔多表现急性腹泻，粪便带有黏液，体温升高至41℃，不食，渴欲增强，很快死亡。剖检可见内脏充血、出血，淋巴结肿大，肠壁可见灰白色结节或坏死灶，肝有小坏死灶，脾肿大（图5-67至图5-70）。母兔表现化脓性子宫内膜炎和流产，流产多发生于母兔怀孕25天后至将近临产，故胎儿多发育完全。孕兔发病率可高达57%，流产率达70%，致死率为44%，未死而康复者不易受胎。未流产的胎儿常发育不全、木乃伊化或液化。

【诊断要点】①根据幼兔腹泻、内脏病变和怀孕母兔化脓性子宫内膜炎、流产可做出初步诊断；②应根据细菌学和血清学检查结果进行确认。

图 5-67　肠瘀血　（二）

（肠壁瘀血、暗红，肠系膜血管充血、怒张，肠腔内充满含气泡的稀糊状的内容物）　（王永坤）

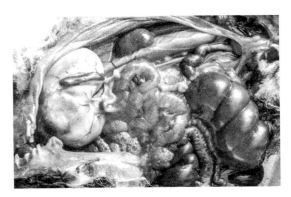

图 5-68　小肠壁淋巴集结增生肿大

（肠壁瘀血，淋巴集结增生、呈灰白色颗粒状（↑），肠腔内充满含气泡的稀糊状内容物）　（陈怀涛）

图 5-69　盲肠蚓突淋巴小结增生坏死

（盲肠蚓突，淋巴组织增生，呈粟粒大、灰黄色结节

或坏死灶）（陈怀涛）

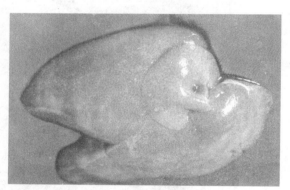

图 5-70　肝坏死灶

（肝表面散在灰黄色小结节或坏死灶）（陈怀涛）

【防治措施】　加强饲养管理，增强兔体抗病力。定期对兔舍、用具进行消毒。彻底消灭老鼠和苍蝇。怀孕前后母兔注射鼠伤寒沙门氏菌灭活菌苗，每兔皮下注射 1 毫升。疫区兔群每年定期注射 2 次。定期用鼠伤寒沙门氏菌诊断抗原普查带菌兔，阳性者要隔离治疗，无治疗效果者严格淘汰。

治疗可用庆大霉素，每千克体重 10 毫克，每天 2 次，连用 5 天；也可服用土霉素，每千克体重 50 毫克，每天 2 次，连用 3～5 天；还可内服大蒜汁 1 汤勺，每天 3 次，连用 7 天。

【诊治注意事项】 本病诊断主要依靠腹泻和流产症状，但这些症状见于多种疾病，如腹泻见于魏氏梭菌病、大肠杆菌病、泰泽氏菌病、葡萄球菌病、球虫病等，应注意鉴别。用土霉素治疗时应注意休药期。

8.伪结核病

伪结核病是由伪结核耶尔森氏菌引起兔的一种慢性消耗性疾病。兔以及多种哺乳动物、禽类和人，尤其是啮齿动物（鼠类）都能感染发病。本病的特征病变为内脏淋巴形成坏死结节，这种病变和结核病的结节相似，故称为伪结核病。

【病原】 病原体是伪结核耶尔森氏菌，为革兰氏阴性菌，属多形态的球状短杆菌(图 5-71)。脏器触片美蓝染色呈两极着色。鼠类是本病菌的自然贮存宿主。

【流行特点】本菌在自然界广泛存在，啮齿动物是本菌的贮存所。主要经消化道，也可由皮肤伤口、交配和呼吸道感染。多呈散发，偶尔为地方流行。

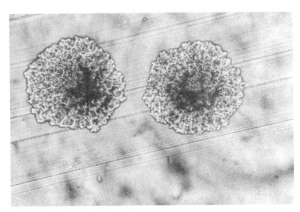

图 5-71　伪结核病菌落形态
（菌落半透明、光滑、圆形，边缘不规则）　（王永坤）

【典型症状与病变】病兔主要表现腹泻、消瘦，经
3～4周死亡。剖检见盲肠蚓突、圆小囊、肠系膜淋巴结
与脾等内脏器官有粟粒状灰白色坏死结节形成（图5-72
至图5-74）。偶有败血症而死亡的病例。

【诊断要点】①慢性腹泻与消瘦；②内脏典型的坏
死性结节病变；③取材检查病原菌可确诊。

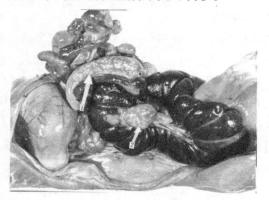

图5-72　盲肠蚓突和圆小囊的粟粒状坏死结节

（王永坤）

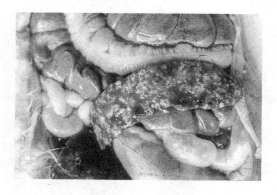

图5-73　脾的坏死结节

（脾高度肿大，有密集的针头大至粟粒大的坏
死结节）（董亚芳、王启明）

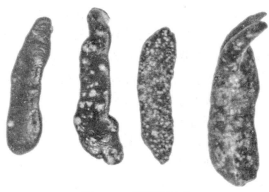

图 5-74　脾坏死结节
（四个脾脏中均有大小不等、多少不一的坏死
结节）　（王永坤）

【防治措施】　本病以预防为主，发现可疑病兔应立即淘汰，消毒兔舍和用具，加强卫生和灭鼠工作。同时注意人身保护。注射伪结核耶尔森氏菌多价灭活苗，每兔皮下注射 1 毫升，每年注射 2 次，可控制本病的发生。

治疗：无可靠有效的治疗方法。可试用下列药物治疗：①链霉素，肌内注射，每千克体重 20 毫克，每天 2 次，连用 3～5 天。②四环素片，内服，每次 1 片(0.25 克)，每天 2 次。

【诊治注意事项】　根据典型病变结合症状，一般可做出初步诊断，确诊应做病原菌检查。由于病变为坏死性结节，所以要注意与结核病、球虫病、沙门氏菌病、李氏杆菌病及野兔热相鉴别。结节病变的部位和组织变化在鉴别诊断上有重要意义。

9.绿脓杆菌病

绿脓杆菌病又称绿脓假单胞菌病，是由绿脓假单胞菌引起人和动物共患的一种散发性传染病。患兔主要表现败血症、皮下与内脏脓肿及出血性肠炎。

【病原】　绿脓假单胞菌为中等大小的革兰氏阴性菌，

本菌广泛分布于自然界和体内，病料中呈单个、成对或短链状，人工培养基中是长短不一的长丝状。本菌对一般消毒药敏感，对磺胺药、青霉素等不敏感。

【流行特点】患病与带菌动物的排泄物和分泌物所污染的饲料、饮水和用具是本病的主要传染源。消化道、呼吸道和伤口是主要感染途径。发病不分年龄和季节。不合理使用抗生素可诱发本病。

【典型症状与病变】患兔精神沉郁，食欲减退或废绝，呼吸困难，体温升高，下痢，排褐色稀便。一般在出现下痢 24 小时左右死亡。慢性病例表现腹泻，有的出现皮肤脓肿，脓液呈淡绿色或灰褐色黏液状，有特殊气味（图 5-75）。偶可见到化脓性中耳炎病变。

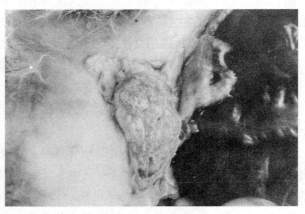

图 5-75　皮下脓肿

（脓肿界限清楚，有包囊，脓液呈黄绿色）　（陈怀涛）

【诊断要点】①急性为败血症，无特异症状和病变；慢性主要见皮下、内脏等部位的脓肿或化脓性炎症以及腹泻和出血性肠炎（图 5-76 和图 5-77）。②确诊应做病原菌检查和动物接种试验。

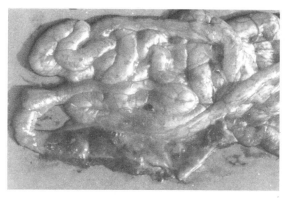

图 5-76 出血性肠炎
（肠黏膜充血、出血，肠腔中有大量血样内容物）（陈怀涛）

图 5-77 肠腔内充满血液液体
（任克良）

【防治措施】加强日常饮水和饲料卫生管理，防止水源和饲料被污染。做好兔场防鼠灭鼠工作。有病史的兔群可用绿脓假单胞菌菌苗进行预防注射，每只 1 毫升，皮下注射，每年 2 次。

治疗：①多黏菌素，每千克体重 1 万单位，肌内注射，每天 2 次，连用 3~5 天。②新霉素，每千克体重 2 万~3 万单位，每天 2 次，连用 3~5 天。

【诊治注意事项】注意与魏氏梭菌病、葡萄球菌病、泰泽氏病相鉴别。由于本病易产生抗药性，药物治疗时应先进行药敏试验，选择高敏药物进行治疗。

10.泰泽氏病

泰泽氏病是由毛样芽孢杆菌引起实验动物的急性传染病。其特征是严重腹泻、脱水和迅速死亡。

【病原】 毛样芽孢杆菌（图 5-78）为严格的细胞内寄生菌，形态细长，革兰氏染色阴性，能形成芽孢，PAS(过碘酸锡夫氏)染色与姬姆萨染色着色良好。

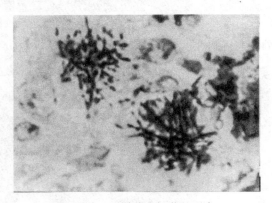

图 5-78　毛样芽孢杆菌的形态

(菌体细长，积聚成丛)（日·武藤）

【流行特点】家兔和其他动物均可感染。经消化道感染。主要侵害 6～12 周龄兔，秋末至春初多发。过热、拥挤、饲养管理不当等应激因素会诱发本病。应用磺胺类药物治疗其他疾病时，因干扰了胃肠道内微生物的生态平衡，也易导致本病的发生。

【致病机理】健康兔采食被污染的饲料和饮水，毛样芽孢杆菌进入消化道，特别是盲肠和结肠，侵入肠道黏膜上皮，开始缓慢繁殖；如果此时受到应激因素作用(如过热、拥挤或饲养管理不当等)，兔体抗病力下降，则病菌迅速增殖，引起肠道黏膜和深层组织坏死；之后病菌经门静脉循环，进入肝脏和其他器官，导致组织坏死。

【典型症状与病变】发病急，以严重的水泻和后肢沾有粪便为特征（图5-79）。患兔精神沉郁、不吃，迅速全身脱水而消瘦，于1~2天内死亡。少数耐过者长期食欲不振，生长停滞。剖检见坏死性盲肠结肠炎，回肠后段与盲肠前段浆膜明显出血（图5-80和图5-81）、肝坏死灶形成（图5-82）及坏死性心肌炎（图5-83）。

图5-79　腹　泻

（后肢被毛沾污大量稀粪）（陈怀涛）

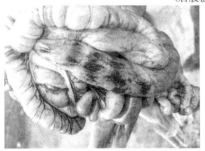

图5-80　盲肠浆膜出血

（盲肠浆膜大片出血）（任克良）

图5-81　结肠浆膜出血

（结肠浆膜出血、呈喷射状，并见纤维素附着，肠壁水肿，肠腔内充满褐色水样粪便）（范国雄）

图 5-82　肝坏死灶

（肝表面和实质均见许多斑点状灰黄色坏死灶）（范国雄）

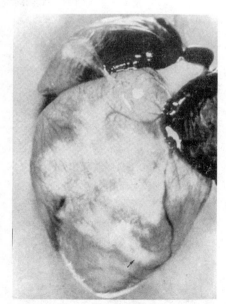

图 5-83　心肌坏死

（心肌有大片灰白色坏死区，其界限较明显）（日·武藤）

【诊断要点】① 6～12 周龄幼兔较易感染发病，严重水泻，12～48 小时死亡。②盲肠、结肠、肝与心脏的特征性病变；③肝、肠病部组织涂片，姬姆萨或 PAS 染色，在细胞浆中可发现病原菌。

【防治措施】

（1）预防措施　目前尚无疫苗用于预防。①加强饲养管理，注意清洁卫生。做好兔排泄物的管理，应发酵处理。②消除各种应激因素，如过热、拥挤等。

（2）治疗　患病早期用 0.006%～0.01% 土霉素供患兔饮用，也可用青霉素、链霉素联合肌内注射。治疗无效时，应及时淘汰。

【诊治注意事项】　本病要依腹泻、肠炎、肝与心脏坏死等特征进行初步诊断，病原菌检查可以确诊。由于本病有腹泻症状，故应注意与沙门氏菌病、大肠杆菌病及魏氏梭菌病相鉴别。应用土霉素治疗，应注意休药期。

11.破伤风

破伤风又称强直症，是由破伤风梭菌经创伤感染引起的一种人兽共患传染病。病兔以骨骼肌痉挛和肢体僵直为特征。

【病原】　破伤风梭菌为一种大型、革兰氏阳性、能形成芽孢的厌氧性细菌。芽孢在菌体的一端，似鼓槌状或球拍状。本菌可产生多种毒素，其中痉挛毒素是引起强直症状的决定性因素。

【流行特点】创伤是本病的主要传播途径。剪毛、刺号（或安装耳标）、咬伤、手术及注射时不注意消毒，常可因污染本菌芽孢而发病。临床实践中，有些病例查不到伤口，可能是创伤已愈合，或可能经损伤的子宫、消化道黏膜感染。

【典型症状与病变】　本病潜伏期为 4～20 天。病初病兔食欲减少，继而废绝，瞬膜外露，牙关紧闭，流涎，四肢强硬、呈木马状（图 5-84 至图 5-87），以死亡告终。剖检无特异病变，仅见因窒息缺氧所致的病变,如血液凝固不良、呈黑紫色，肺瘀血、水肿，黏膜和浆膜散布数量不等的小出血点。

【诊断要点】根据特征症状和外伤病史，一般可做出初步诊断。当症状不明显时，可在创伤深部采取病料，涂片染色，检查破伤风梭菌。

图 5-84　破伤风（一）
（病兔两耳直立，肌肉僵硬，四肢强直，呈"木马状"，站立不稳）（董仲生）

图 5-85　瞬膜外露
（任克良）

图 5-86　破伤风（二）

（病兔流涎，牙关紧闭）　（任克良）

图 5-87　破伤风（三）

（病兔眼球突出，两耳竖立，肢体僵硬，似木马）　（任克良）

【防治措施】　要保持兔舍、兔笼及用具清洁卫生，严防尖锐物刺伤兔体。剪毛时避免损伤皮肤。一旦发生外伤要及时处理，防止感染。手术、刺号（安装耳标）及注射时要严格消毒。对较大、较深的创伤，除做开放扩创处理外，还应肌内注射破伤风抗毒素 1 万～3 万单位。

治疗：①静脉注射破伤风抗毒素，每天 1 万～2 万单位，连用 2～3 天。②肌内注射青霉素，每天 20 万单位，分 2 次注射，连用 2～3 天。③静脉注射葡萄糖、氯化钠 50 毫升，每天 2 次。

【诊治注意事项】 正确扩创处理，严防创伤内形成厌氧环境，是防止本病发生的重要措施之一。本病为人兽共患传染病，要注意个人卫生防护。

12.附红细胞体病

附红细胞体病简称附红体病，是由附红细胞体引起的一种急性、致死性人兽共患传染病。家兔也可感染发病，其特征是发热、贫血、出血、水肿与脾肿大等。

【病原】 附红细胞体是一种多形态微生物，多为环形、球形和卵圆形，少数为顿号形和杆状。

【流行特点】 本病可直接接触传播。吸血昆虫如扁虱、刺蝇、蚊、蜱等以及小型啮齿动物是本病的传播媒介。各种年龄的兔均易感。一年四季均可发生，但以吸血昆虫大量繁殖的夏、秋季节多见。

【典型症状与病变】 本病以 1～2 月龄幼兔受害最严重。成年兔症状不明显，常呈带菌状态。病兔四肢无力，精神沉郁，运动失调（图 5-88），最后由于贫血、消瘦、衰竭而死亡。剖检可见腹肌出血（图 5-89），腹腔积液，脾脏肿大（图 5-90），膀胱充满黄色尿液，有的病例可见黄疸、肝脂肪变性，胆囊胀满（图 5-91），肠系膜淋巴结肿大（图 5-92）等。

【诊断要点】 ①本病多见于吸血昆虫大量繁殖的夏、秋季节。②病兔有发热、贫血、消瘦等症状和病理变化。③取血涂片染色、镜检，可见附红细胞体及被感染的红细胞形态（图 5-93）。

图 5-88　附红细胞体病
（精神不振，四肢无力，头着地）　（任克良）

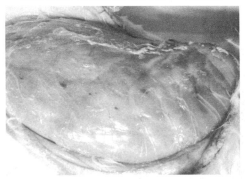

图 5-89　腹肌出血
（谷子林）

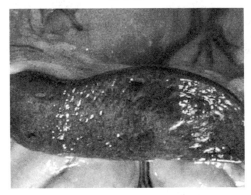

图 5-90　脾脏肿大、呈暗红色
（谷子林）

图 5-91　胆囊胀大，充满胆汁
(谷子林)

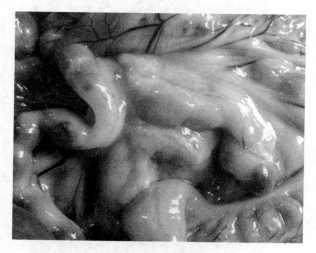

图 5-92　肠系膜淋巴结肿大
(谷子林)

【防治措施】成年兔是带菌者，所以购入种兔时要严格进行检查。消除各种应激因素对兔体的影响，夏、秋季节防止昆虫叮咬。

治疗：①新肿凡钠明，每千克体重 40～60 毫克，以 5% 葡萄糖溶液溶解成 10% 注射液，静脉缓慢注射，每天

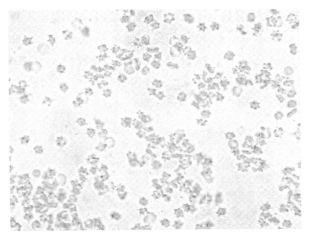

图 5-93　变形的红细胞形态
(红细胞表面附有红细胞体，故红细胞变形、不
整、边缘呈锯齿状)　(谷子林)

1 次，隔 3~6 天重复用药一次。②四环素，每千克体重
40 毫克，肌内注射，每天 2 次，连用 7 天。③土霉素，
每千克体重 40 毫克，肌内注射，每天 2 次，连用 7 天。
血虫净(贝尼尔)、氯苯胍等也可用于本病的治疗。贝尼尔 +
强力霉素或贝尼尔 + 土霉素按说明用药，具有良好的效
果。

【诊治注意事项】本病为人兽共患病，注意个人卫
生防护。本病主要症状为贫血、发热、精神不振等一般
症状，因此必须认真检查，并结合剖检做出诊断。

13.兔病毒性出血症

兔病毒性出血症俗称兔瘟、兔出血症，是由兔病毒
性出血症病毒引起家兔的一种急性、高度致死性传染病，
对养兔生产危害极大。本病的特征为生前体温升高，死
后呈明显的全身性出血和实质器官变性、坏死。

【病原】兔出血性病毒 (rabbit viral hemorrhagic disease,
RHD) 是一种新发现的病毒，具有独特的形态结构 (图

5-94）。该病毒具有凝集红细胞的能力，特别是人 O 型红细胞。2010 年，一种新的兔出血症病毒变体，被命名为RHDV2，在法国首次被鉴别出来。研究显示 RHDV2 与传统的 RHDV 在其抗原形态和遗传特性方面存在差异（详见新型兔瘟）。

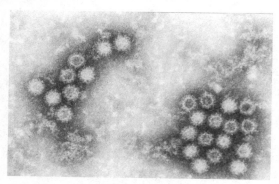

图 5-94　兔出血症病毒颗粒的形态　（×200000）

（刘胜旺）

【流行特点】本病自然感染只发生于兔，其他畜禽不会染病。各类型兔中以毛用兔最为敏感，獭兔、肉兔次之。同龄公母兔的易感性无明显差异。但不同年龄家兔的易感性差异很大。青年兔和成年兔的发病率较高，但近年来断奶幼兔发病病例也呈增高趋势。仔兔一般不发病。该病一年四季均可发生，但春、秋两季更易流行。病兔、死兔和隐性传染兔为主要传染源，呼吸道、消化道、伤口和黏膜为主要传染途径。此外，新疫区比老疫区病兔死亡率高。

【典型症状与病变】最急性病例兔突然抽搐尖叫几声后猝死，有的嘴内吃着草而突然死亡。急性病例兔体温升高到 41℃以上，精神萎靡，不喜动（图 5-95），食欲减退或废绝，饮水增多，病程 12～48 小时，死前表现呼吸急促、兴奋、挣扎、狂奔、啃咬兔笼、全身颤抖、体温突然下降，有的尖叫几声后死亡。有的鼻孔流出泡沫状血液（图5-96和图5-97），肛门松弛，周围被少量淡黄色或淡黄色胶样物沾污（图5-98）。慢性的少数可耐过、康复。剖检见气管内充满血液，黏膜出血，呈明显的气管环（图5-99和图5-100）。肺充血、有点状出血（图5-101）。胸腺、心外膜、胃浆膜、肾、肝脏、淋巴结、肠浆膜等组织器官均明显出血，实质器官变性（图5-102至图5-110）。脾瘀血肿大（图5-111）。肝肿大、出血，胆囊充盈（图5-112）。膀胱积尿，充满黄褐色尿液（图5-113）。脑膜血管充血、怒张，并有出血斑点（图5-114）。组织检查，肺、肾等器官发现微血管形成，肝、肾等实质器官细胞明显坏死。

【诊断要点】①青年兔与成年兔的发病率、死亡率高。月龄越小发病越少，仔兔一般不感染。一年四季均可发生，多流行于冬春季。②主要呈全身败血性变化，以多发性出血最为明显。③确诊需做病毒检查鉴定、血凝试验与血凝抑制试验。

图5-95　出血症
（感染兔有的精神沉郁，伏地不动）（任克良）

图 5-96　尸体营养尚好

（尸体不显消瘦，四肢僵直，鼻腔流出鲜红色血液）（任克良）

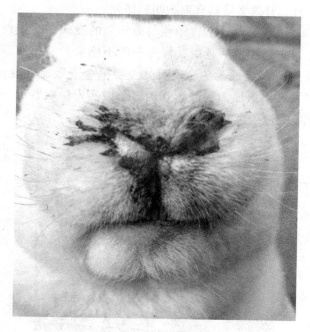

图 5-97　鼻腔内有泡沫样血液

（任克良）

图 5-98　病兔排出黏液性粪便

（任克良）

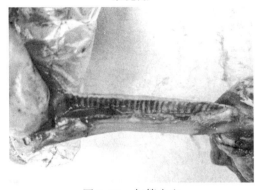

图 5-99　气管出血

（气管黏膜出血、潮红）（任克良）

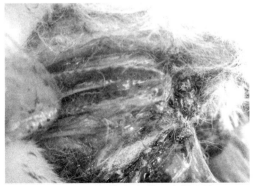

图 5-100　气管内充满血液样泡沫

（任克良）

图 5-101　肺出血

（肺上有鲜红的出血斑点）（任克良）

图 5-102　胸腺出血

（胸腺水肿、有细小的出血点）（任克良）

图 5-103　心外膜出血

（任克良）

图 5-104　胃浆膜出血

（胃浆膜散在大量出血点）（任克良）

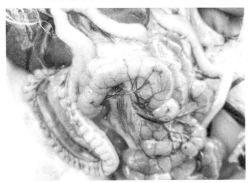

图 5-105　小肠浆膜出血

（任克良）

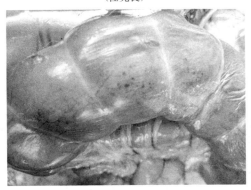

图 5-106　盲肠浆膜出血

（任克良）

图 5-107　肾点状出血

（任克良）

图 5-108　肠浆膜出血症

（肠浆膜有大量出血斑点）（陈怀涛）

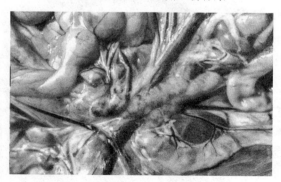

图 5-109　淋巴结肿大、出血

（肠系膜淋巴结肿大、出血）（陈怀涛）

图 5-110　直肠浆膜有出血斑点

（任克良）

图 5-111　脾瘀血

（脾瘀血、肿大、呈黑紫色）　（任克良）

图 5-112　肝脏变性

（胆囊胀大，充满胆汁，肝脏变性色黄）　（任克良）

图 5-113　膀胱积尿

（膀胱内充满黄褐色尿液）　（任克良）

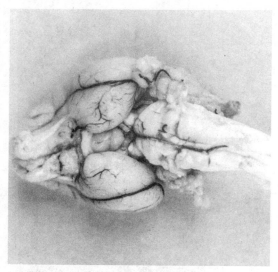

图 5-114　脑部病变

（脑膜血管充血、怒张，并有出血斑点）（王永坤）

【防治措施】①定期注射兔瘟组织灭活疫苗。30 ～
35 日龄用兔瘟单联苗或兔瘟巴氏杆菌病二联苗，每只皮
下注射 2 毫升。60 ～ 65 日龄时加强免疫一次，皮下注射
1 毫升。以后每隔 5.5 ～ 6 个月注射一次。②禁止从疫区

购兔。③严禁收购肉兔、兔毛、兔皮等的商贩进入生产区。④病死兔要深埋或焚烧，不得乱扔。使用的一切用具、病死兔的排泄物均需用1%氢氧化钠溶液消毒。

治疗：本病无特效药物。可使用抗兔瘟高免血清，一般在兔发病后尚未出现高热症状时使用。若无高免血清，则应对未表现临诊症状的兔进行兔瘟疫苗紧急接种，剂量2~4倍，一兔用一针头。

【诊治注意事项】 注意与急性巴氏杆菌病相鉴别。目前兔瘟流行趋于低龄化，病理变化趋于非典型化，多数病例仅见肺、胸腺、肾等脏器有出血斑点，其他脏器病变不明显。发生本病用疫苗进行紧急预防接种后，短期内兔群死亡率可能有升高的情况。

14.新型兔出血症

2010年，在法国的家兔和野兔中发现了一种新型的兔出血症病毒突变体，命名为RHDV2或RHDVb，引发新型兔出血症（new rabbit hemorrhagic disease，nRHD）。免疫传统毒株RHDV疫苗不能产生很好的交叉免疫保护作用，导致RHDV2迅速在世界范围内流行。

【病原】病原为一种新型的RHDV突变体，命名为RHDV2或RHDVb。研究表明，传统的RHDV(RHDV1)和RHDV2有不同的抗原性和遗传特性。系统进化树分析RHDV2为一个独立的分支，可能为兔病毒属的一个新的成员。RHDV2和RHDV同属于杯状病毒科、兔病毒属成员，RHDV2与传统RHDV一样，可引起家兔病毒性出血症。两者的基因同源性仅有82.4%，系统发生树分析结果表明，RHDV2与引起相同症状的RHDV亲缘关系较远，而与非致病性的RCV亲缘关系更近。

【流行特点】与传统兔瘟相比，RHDV2感染宿主范围更广，包括家兔和欧洲野兔（CapeHares品种），可以跨物种感染。发病死亡年龄较小，未断奶的仔兔发生本病，死亡率达 5%~70%。

【典型症状与病变】RHDV2 较多地出现亚急性或慢性感染。多数出现黄疸，特别见于皮下。剖检以实质器官出血、瘀血为主要特征。尸检见心脏、气管、胸腺、肺、肝脏、肾脏和肠道等多处有出血现象。常见胸腔和腹腔有丰富的血液样渗出物；肝脏灰白、肿大，并伴有黄疸；肺脏出血，气管充血、出血；小肠肠道绒毛有局灶性坏死（图 5-115 和图 5-116）。

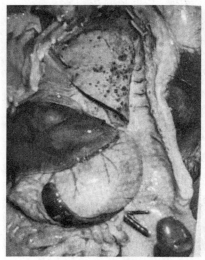

图 5-115　肺有大量出血斑点
（Margarida Duart 等）

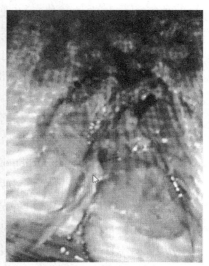

图 5-116　肝脏肿大、灰白色
（Margarida Duart 等）

【诊断要点】感染 RHDV2 后与传统 RHDV 临床症状及病理变化类似，这给两者的鉴别带来一定困难。因此，通过临床观察，仅能对疾病作出初步诊断，最终需要通过实验室分子生物学等技术手段进行确诊。目前，国内外均已建立鉴别诊断 RHDV2 的 RT-PCR 以及荧光定量 RT-PCR 方法。

【防控措施】虽然目前我国还未有 nRHD 的报道，

但随时面临发生该疫情的风险。因此，对来自国外的种兔和兔产品要加大检疫力度，严防本病传入我国。

传统的兔瘟疫苗对新型兔瘟不能产生很好的交叉免疫保护，所以需要研发有效的疫苗来预防 RHDV2 引起的新型兔瘟的发生。目前，西班牙已经研制出 RHDV2 型组织灭活疫苗，可以有效用于该病的防控。

【诊治注意事项】 该病与传统兔瘟的临床症状和病理变化相似，确诊需用分子生物学方法进行鉴别诊断。从国外引种的单位、检疫等相关部门要加大对新型兔瘟的检疫力度，防止本病传入我国。

15.兔传染性水疱口炎

兔传染性水疱口炎俗称流涎病，是由水疱口炎病毒引起兔的一种急性传染病。其特征是口腔黏膜形成水疱和伴有大量流涎。发病率和死亡率较高，幼兔死亡率可达 50%。

【病原】 兔传染性水疱口炎病毒主要存在于病兔的水疱液、水疱及局部淋巴结中。

【流行特点】 病兔是主要传染源。病毒随被污染的饲料或饮水经口、唇、齿龈和口腔黏膜侵入，吸血昆虫叮咬也可传播本病。饲养管理不当、饲喂发霉变质或带刺的饲料引起兔黏膜损伤，更易感染。本病多发于春、秋两季，主要侵害 1~3 月龄的仔幼兔，青年兔、成年兔发病率较低。

【典型症状与病变】口腔黏膜发生水疱性炎症，并伴随大量流涎（图 5-117）。病初体温正常或升高，口腔黏膜潮红、充血，随后出现粟粒至扁豆大小水疱。水疱破溃后形成溃疡。流涎使兔颌下、胸前和前肢被毛粘成一片，发生炎症、脱毛（图 5-118 和图 5-119）。如继发细菌性感染，则常引起唇、舌、口腔黏膜坏死，出现恶臭。患兔食欲下降或废绝，精神沉郁，消化不良，常发生腹泻，日渐消瘦，虚弱或死亡。感染本病时，幼兔死亡率高，青年兔、成年兔死亡率较低。

【诊断要点】根据流行病学资料（主要危害 1～3 月龄幼兔，其中断奶 1～2 周龄幼兔最常见，成年兔发病少，本病常发生于春、秋两季）、症状（大量流涎）和病变（口腔黏膜的结节、水疱与溃疡）可作出诊断；必要时进行病毒鉴定。

图 5-117　流　涎

（病兔大量流涎，沾湿下颌、嘴角和颜面部被毛）（任克良）

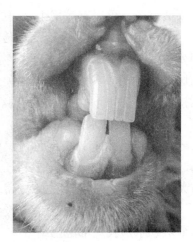

图 5-118　溃　疡

（下唇和齿龈黏膜有不规则的溃疡）

（李燕平，任克良）

图 5-119　口腔黏膜有结节和水疱

（齿龈和唇黏膜充血，有结节和水疱形成）（陈怀涛）

【防治措施】经常检查饲料质量，严禁用粗糙、带芒刺的饲草饲喂幼兔。兔发现流口水时，应及时隔离治疗，且兔笼、用具等用2%氢氧化钠溶液消毒。

治疗：①可用青霉素粉剂涂于口腔内，剂量以火柴头大小为宜，一般一次可治愈。但剂量大时易引起兔死亡。②先用防腐消毒液(如1%盐水或0.1%高锰酸钾溶液等)冲洗口腔，然后涂擦碘甘油、明矾与少量白糖的混合剂，每天2次。全身治疗可内服磺胺二甲嘧啶，每千克体重0.2~0.5克，每天1次。③对可疑病兔喂服磺胺二甲嘧啶，剂量减半。

【诊治注意事项】本病的诊断比较容易，但应注意与坏死杆菌病、兔痘相鉴别。治疗最好局部与全身兼治，效果较好。

16.兔轮状病毒病

兔轮状病毒病是由轮状病毒引起仔兔的一种肠道传染病，其临诊特征为腹泻与脱水。

【病原】轮状病毒颗粒的形态略呈圆形，为具有双层衣壳的RNA病毒，直径为65~76纳米（图5-120）。

【流行特点】本病主要侵害2~6周龄的仔兔，尤以4~6周龄仔兔最易感，发病率和死亡率最高。成年兔多

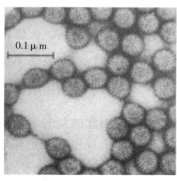
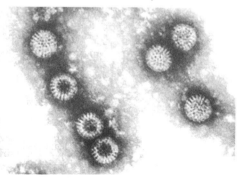

图5-120　轮状病毒的形态

（电子显微镜下轮状病毒粒子呈车轮状）（程相朝等）

呈隐性感染，发病率高、死亡率低。本病新发生时在兔群常呈突然暴发，且迅速传播。兔群一旦发生本病，随后每年会连续发生。传染途径为消化道。病兔或带毒兔的排泄物含有大量病毒。健康兔因食入被污染的饲料、饮水或乳头而感染发病。

【典型症状与病变】2~6周龄（尤其4~6周龄）仔兔最易感染发病。病兔表现昏睡、食欲下降或废绝。排出半流体或水样粪便，后臀部粘有粪便。多数于腹泻后2天内死亡，病死率可达40%。青年兔、成年兔常呈隐性感染而带毒，多数不表现症状。剖检病死兔，空肠、回肠黏膜充血、水肿，肠内容物稀薄。镜检见绒毛呈多灶性融合和中度缩短或变钝，肠细胞扁平。有些肠段的黏膜固有层和黏膜下层有轻度水肿。

【诊断要点】根据本病流行特点、症状、病变及治疗试验(抗生素疗效不佳)可作出倾向性诊断。

【防治措施】本病目前尚无有效的疫苗与治疗方法，发生时重点在于预防。加强饲养管理，注意兔舍卫生，给予仔兔充足的初乳和母乳。

治疗：以纠正体液、电解质平衡失调和防止继发感染为原则。用轮状病毒高免血清治疗，每千克体重皮下注射2毫升，每天1次，连用3天。

【诊治注意事项】注意与魏氏梭菌病、大肠杆菌病和球虫病相鉴别。兔场一旦流行此病一般很难根治，以后每年都会连续发生。

17.兔黏液瘤病

兔黏液瘤病是由黏液瘤病毒引起的兔的一种高度接触性、致死性传染病。其特征为全身皮下、尤其是头面部和天然孔周围皮下发生黏液瘤性肿胀。

【病原】病原体是黏液瘤病毒。不同病株所致病变不尽相同。

【流行特点】 自然条件下本病只感染家兔和野兔，病兔是主要传染源，健康兔与病兔或其污染的饲料、用具、饮水等接触即可遭受感染。但主要传播方式是以节肢动物特别是蚊虫和跳蚤等吸血昆虫为媒介，一年四季均可发生，但在蚊虫大量滋生的季节多发。

【典型症状与病变】 最急性：出现眼睑肿胀后 1 周内死亡。急性：感染后 6～7 天出现全身性肿瘤，眼睑肿胀，黏液脓性结膜炎（图 5-121），8～15 天死亡。慢性：轻度水肿及少量鼻漏和眼垢，还有界限明显的结节，表现症状较轻，死亡率低。本病最突出的病变是皮肤肿瘤和皮下显著水肿，尤其是颜面部和天然孔周围的肿胀（图 5-122）。

【诊断要点】 根据皮肤黏液瘤的眼观和组织学病变可作出初步诊断，确诊应分离黏液瘤病毒。

【防治措施】 ①加强检疫，严禁从有本病的国家进口兔和未经消毒的兔产品，以防本病传入我国。一旦发

图 5-121　兔黏液瘤病（一）
（眼睑肿胀，鼻孔周围皮肤肿胀，鼻塞，呼吸困难）（西班牙 HIPRA，S.A 实验室）

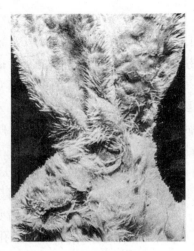

图 5-122　兔黏液瘤病（二）

（兔耳肿胀，耳部和头部皮肤有不少黏液瘤结节，同时尚有

继发性结膜炎，眼睑肿胀）　（J.M.V.M.Mouwen 等）

生本病，立即扑杀处理，并彻底消毒。②严防野兔进入饲养场。③做好兔场的清洁卫生工作，防止吸血昆虫叮咬家兔。④用黏液瘤病毒灭活菌进行预防注射。

【诊治注意事项】我国目前尚未发现本病，因此从国外引种时要严格检疫，防止本病传入我国。

18.毛癣菌病

毛癣菌病是由致病性皮肤癣真菌感染表皮及其附属结构（如毛囊、毛干）引起的疾病，其特征为皮肤局部脱毛、形成痂皮甚至溃疡。除兔外，本病也可感染人、多种畜禽及野生动物。兔群一旦感染本病，则很难彻底治愈，是目前为害兔业发展的主要疾病之一。

【病原】须发癣菌是引起毛癣菌病最常见的病原体，石膏状小孢菌、犬小孢子菌等也可引起本病。

【流行特点】本病多由引种不当所致。引进的隐性感染者（青年兔或成年兔）不表现临床症状，待配种产仔后，仔兔哺乳时遭受感染发病，青年兔可自愈，但常为带菌者(图 5-123)。

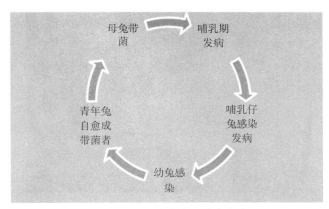

图 5-123　毛癣菌病的感染方式

【典型症状与病变】仔兔多因带菌母兔哺乳被感染(图 5-124)，同窝仔兔相继或同时发生。病初感染部位发生在头部，如嘴周围、鼻部、面部、眼周围、耳朵及颈部等皮肤，继而感染肢端、腹下和其他部位。患部皮肤形成不规则的块状或圆形、椭圆形脱毛与断毛区，覆盖一层灰白色糠麸状痂皮（图 5-125 至图 5-128），并发生炎性变化，有时形成溃疡。患兔剧痒，骚动不安，采食下降，逐渐消瘦，或继发感染使病情恶化而死亡。本病虽可自愈，但患兔成为带菌者，严重影响生长及毛皮质量。

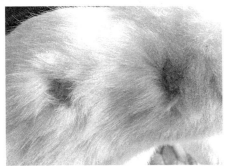

图 5-124　乳腺病变
(母兔乳头周围脱毛，起痂皮)　(任克良)

图 5-125　眼周与面部病变
（颜面部、眼周围脱毛、充血、起痂）（任克良）

图 5-126　口、眼、耳病变
（脱毛、起痂、感染）（任克良）

【诊断要点】①有从感染本病兔群的引种史。②仔、幼兔易发，成年兔常无临诊症状但多为带菌者，成为兔群感染源。③皮肤有特征病变。④刮取皮屑检查，发现真菌孢子和菌丝体可确诊。

【防治措施】引种要慎重。对供种场兔群尤其是仔、幼兔要严格调查，确信无病的方可引种。引种时必须隔离观察至第一胎仔兔断奶，确认出生后的仔兔无本病发

图 5-127　腹部与肢部病变

（眼圈、肢部及腹部发生脱毛、充血区，并有痂皮形成）（任克良）

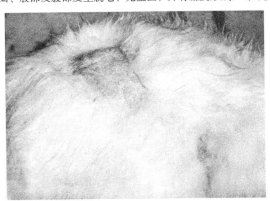

图 5-128　背部与腹侧病变

（背部、腹侧有界限明显的片状脱毛区，皮肤
上覆盖一层白色糠麸样痂皮）　（任克良）

生，才能将种兔混入兔群饲养。一旦发现兔群有可疑患兔，则立即隔离治疗，最好作淘汰处理，并对其所在环境进行全面彻底的消毒。

　　由于本病传染快，治疗效果虽然较好但易复发，目前尚未有效的治疗方法。为此，笔者强烈建议以淘汰为主。对初生仔兔全身涂抹克霉唑制剂可以有效预防仔兔发病。局部治疗先用肥皂或消毒药水涂擦，以软化痂皮，将痂皮去掉，然后涂擦2%咪康唑软膏或益康唑霉菌软膏等，每天涂2次，连涂数天。全身治疗：口服灰黄霉素，按每千克体重25～60毫克，每天1次，连服15天，停药15天再用15天。

【诊治注意事项】本病可传染给人，尤其是小孩、妇女，因此应注意个人卫生防护（图5-129）。注意本病与螨病相鉴别。各种年龄的兔均可发生螨病，发生部位主要在耳内（痒螨）、耳边缘和爪部等，使用伊维菌素等药物治疗效果明显。毛癣菌病主要感染仔幼兔，各种部位均可感染，且治疗后极易复发。

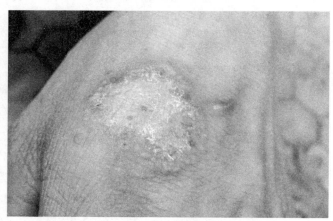

图 5-129　人手背感染癣菌病

（充血，起痂皮）　（任克良）

19.曲霉菌病

曲霉菌病主要是由烟曲霉引起家兔的一种深部霉菌病。其发病特征是呼吸器官（尤其是肺和支气管）发生霉菌性炎症，以幼龄兔最为常见。

【病原】　主要为烟曲霉，有时为黑曲霉。霉菌及其孢子中的毒素是发生本病的主要原因。霉菌和产生的孢子广泛存在于稻草、谷物、木屑、发霉的饲料及地面、用具和空气中。

【流行特点】 幼龄兔对烟曲霉比较敏感，常成窝发生，成年兔则很少发生。产窝内垫草潮湿、闷热、通风不良时极易产生烟曲霉孢子，因此是引起本病的主要传染源。严重污染时仔兔出生后不久即可感染。发霉饲料也可引起本病。

【典型症状与病变】 急性病例很少见，多见于仔兔，常成窝发生。慢性病例病兔逐渐消瘦，呼吸困难，且日益加重，症状明显后病兔要几周内死亡。剖检时，在肺部可见粟粒大的圆形结节，其中为干酪样物，周围为红晕；或在肺中形成边缘不整齐的片状坏死区（图 5-130和图 5-131）。

【诊断要点】 仔兔全窝发病，仅依据临诊症状难以确诊。确诊需做组织切片，并取材检查曲霉菌。

【防治措施】 本病以预防为主。放入产箱内的垫料应清洁、干燥，不含霉菌孢子；不给兔饲喂发霉的饲料；保持兔舍内干燥、通风。

图 5-130　肺坏死病变
（肺表面见大小不等的灰黄色病变区，"↑"指边缘
不整齐，附近肺组织充血、色红）　（佘锐萍）

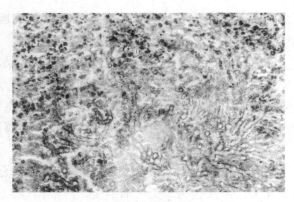

图 5-131　坏死性肺炎
（霉菌性肺炎的组织变化：①肺组织坏死；
②霉菌菌丝和孢子）　（陈怀涛）

本病目前尚无有效的治疗方法，可试用两性霉素 B
或克霉唑进行治疗。

【诊治注意事项】本病症状不特异，故生前诊断须
慎重。死后可用病理组织学诊断或病原学检查。

20.兔密螺旋体病

兔密螺旋体病俗称兔梅毒，是由兔密螺旋体引起成
年兔的一种慢性传染病。

【病原】　兔梅毒密螺旋体是革兰氏染色阴性的细长
螺旋形微生物。病原主要存在于病兔的病变组织中，由
于染色不良而常用印度墨汁、姬姆萨、碳酸复红与镀银
染色法，如姬姆萨染色呈玫瑰红色。本病原只感染兔，
其他动物不受感染。

【流行特点】　本病只发生于家兔和野兔，病原体主
要存在于病变部组织，主要通过配种经生殖道传播，故
多见于成年兔，青年兔、幼兔很少发生。育龄母兔发病
率比公兔高，放养兔比笼养兔发病率高，发病的兔几乎
无一死亡。

【典型症状与病变】　该病潜伏期为 2～10 周。病兔

精神、食欲、体温均正常，主要病变为母兔阴唇、肛门皮肤和黏膜发生炎症、结节和溃疡。公兔阴囊水肿，皮肤呈糠麸样。阴茎水肿，龟头肿大，睾丸也发生病变（图 5-132 至图 5-134）。搔抓病变部位时，可将其分泌物中的病原体带至其他部位，如鼻、唇、眼睑、面部、耳等处（图 5-135）。慢性者导致患部呈干燥鳞片状病变，被毛脱落。腹股沟与腘淋巴结肿大。母兔病后失去配种能力，受胎率下降。

图 5-132　龟头炎
（龟头与包皮红肿）　（陈怀涛）

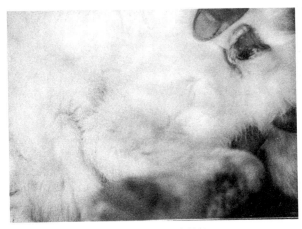

图 5-133　密螺旋体病
（阴茎肿胀，其皮肤上有结节、坏死病变）　（任克良）

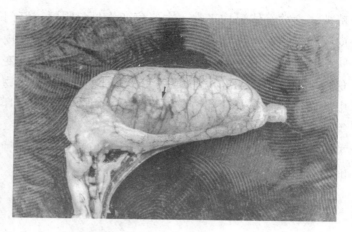

图 5-134 睾丸炎
（睾丸肿大、充血、出血，并有黄色坏死灶） （陈怀涛）

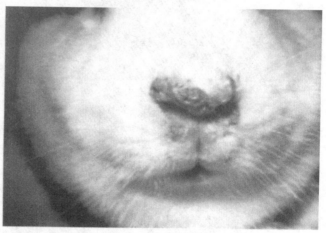

图 5-135 鼻、唇部发炎
（兔鼻、唇部皮肤发炎并结痂） （程相朝等）

【诊断要点】成年兔多发，放养兔较笼养兔易发。尽管本病发病率高，但几乎无死亡。根据外生殖器的典型病变可做出初步诊断，确诊应检出病原体。

【防治措施】定期检查公母兔外生殖器，对患兔或可疑兔停止配种，隔离治疗。重病者淘汰，并用 1% ~

2%氢氧化钠或3%来苏儿对兔笼用具、环境进行消毒。引进的种兔隔离饲养1个月，确认无病后方可入群。

治疗：新砷凡钠明，每千克体重40~60毫克，用生理盐水配成5%溶液，耳静脉注射。一次不能治愈者，间隔1~2周重复注射1次。配合青霉素治疗，效果更佳。青霉素每千克体重2万~4万单位，肌内注射，每天2次，连用3~5天。局部可用2%硼酸溶液、0.1%高锰酸钾溶液冲洗后，涂擦碘甘油或青霉素软膏。治疗期间停止配种。

【诊治注意事项】 注意与外生殖器官一般炎症、疥螨病相鉴别。用新砷凡钠明进行静脉注射时切勿漏出血管外，以防引起组织坏死。

21.流行性腹胀病

流行性腹胀病是由多种致病因素（如饲养管理不当、气候多变等）引起的、以食欲下降或废食、腹部膨大、迅速死亡等为特征的胃肠道疾病。近年来，此病发生呈大幅上升的趋势，给养兔业造成严重经济损失。此病与国外发生的兔流行性小肠结肠炎（epizootic rabbit enterocolitis，ERE）极为相似，是否为同一种病尚需作进一步的研究。

【病因】病因尚不清楚，但与以下因素有关：①饲养管理不当，包括饲料配方不当，如精料过多、粗纤维不足；饲喂量过多，不定时定量；突然更换饲料配方；饲料霉变等。②气候多变，兔舍温度低，或忽高忽低。③病兔感染了某些病原菌，如A型魏氏梭菌、大肠杆菌、沙门氏菌等。

【典型症状与病变】断奶至3月龄幼兔多感染本病。病初，兔食欲下降，精神不振，卧于一角，不愿走动，渐至不吃料，腹胀（图5-136）。粪便起初变化不大，后期渐少，以排黄色、白色胶冻样黏液为主。部分兔死前有少量腹泻，有的甚至无腹泻表现而死亡。摇动兔体，有响水声（系由胃、肠内容物呈水样所致）。腹部触诊，前期较软，后期较硬，部分兔腹内无硬块。剖检见死兔腹部膨大；胃臌胀，胃内容物稀薄或呈水样；小肠内有气体和液体（图 5-137 至图 5-139）；盲肠内充气，内容物较多，有的质地较硬甚至干硬成块状（图 5-140）；结肠至直肠多数充满胶冻样黏液；膀胱充盈。

【诊断要点】①断奶至 3 月龄兔易发病。②气候、环境和饲料配方、饲喂制度等变化。③腹胀等症状及胃、肠等特征性病变。

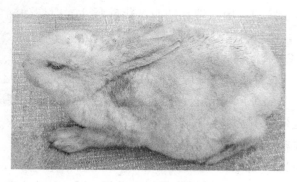

图 5-136　腹　胀
（精神不振，腹部胀大）（任克良）

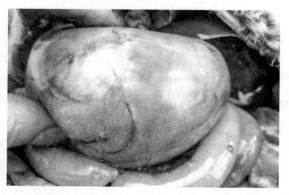

图 5-137　胃膨大
（任克良）

图 5-138　胃内容物呈水样

（任克良）

图 5-139　肠道病变

（小肠内充满气体和黏液）（任克良）

图 5-140　盲肠病变
(盲肠壁菲薄，内有较硬内容物)（任克良)

【防治措施】①注意饲料配方和饲料质量。配方要合理，配方保持相对稳定，饲料无霉变。饲喂幼兔要定时定量。②加强管理。断奶时原笼饲养，要保持兔舍温度恒定，切忌忽冷忽热。③兔群应定期注射魏氏梭菌和大肠杆菌等菌苗。

治疗：一旦有发病兔，应及时隔离并消毒兔笼，控制饲喂量。让患病兔在庭院或空旷的地方自由活动，且给其饲喂优质青干草时，部分兔可康复。也可在饲料中添加杆菌肽锌、恩拉霉素、恩诺沙星、复方新诺明、溶菌酶＋百肥素等药物，同时在饮水中添加电解多维等。

【诊疗注意事项】本病治疗效果差，应以综合预防为主。

(二) 寄生虫病

1.球虫病

兔球虫病主要是由艾美耳属的多种球虫引起的一种对幼兔危害极其严重的原虫病，其特征是病兔出现腹泻、消瘦及球虫性肝炎和肠炎。该病被我国定为二类动物疫病。

【病原】侵害家兔的球虫约有 10 多种。除斯氏艾美耳球虫寄生于肝脏、胆管上皮细胞外，其他种类的球虫均寄生于肠上皮细胞。不同球虫形态各异（图 5-141）。

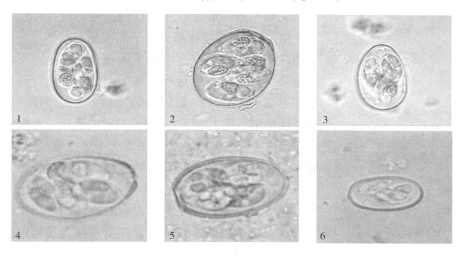

图 5-141　常见兔艾美耳球虫形态

1.中型艾美耳球虫（秦梅，汪运舟，索勋）　2.大型艾美耳球虫（秦梅，汪运舟，索勋）　3.斯氏艾美耳球虫（激光共聚焦显微镜拍摄，放大倍数 63×10）（秦梅，汪运舟，索勋）　4.肠艾美耳球虫（崔平，索勋）　5.黄艾美耳球虫　6.穿孔艾美耳球虫（光学显微镜拍摄，放大倍数 40×10）（崔平，索勋）

球虫发育史分为三个阶段,分别为无性繁殖阶段[①]、有性繁殖阶[②]和孢子生殖阶段[③]。

寄生在上皮细胞的球虫，发育至一定阶段即形成卵囊。卵囊从破坏了的细胞中落入宿主肠道随同粪便一起排出外界。在良好的环境（适宜的温度、湿度和充分的氧气）中，经过几昼夜，卵囊内就形成四个孢子囊，每个孢子囊内包含着两个香蕉状的子孢子，此时即成为侵袭性卵囊。当家兔经口吃入侵袭性卵囊后，子孢子在肠道破囊而出，随即侵入上皮细胞而变成圆形的裂殖体。

①无性繁殖阶段：球虫在寄生部位（上皮细胞内）以裂殖法进行增殖。

②有性繁殖阶段：以配子生殖法形成雌性细胞（大配子）和雄性细胞（小配子），雌雄细胞融合成合子。这

一阶段也在宿主上皮细胞内完成。

③孢子生殖阶段：合子变为卵囊，卵囊内原生质团分裂为孢子囊和子孢子。该阶段在外界环境中完成。

裂殖体在上皮细胞内发育形成很多裂殖子后，上皮细胞遭到破坏，裂殖体从破坏了的细胞内逸出，随后又侵入新的上皮细胞，以同样的裂殖体破坏新的上皮细胞。如此反复多次进行无性繁殖，使上皮受到严重破坏，从而引起发病。

无性生殖一般进行三代以后，就出现有性生殖（配子生殖）。此时裂殖体形成配子而不是裂殖体。在形成配子的过程中，首先产生小配子体和大配子体。小配子体的核分裂多次，以后每个核周围出现原生质，最后分裂成为很多小配子（即雄性细胞）。一个大配子体只形成一个雌性细胞（即大配子）。两性细胞成熟后，小配子进入大配子内并与之结合成为合子。合子迅速形成一层被膜，即成为通常粪便检查时看到的卵囊。卵囊到外界又进行孢子生殖，子孢子侵入宿主体内又重复以上的发育。

【流行特点】兔是兔球虫病的唯一自然宿主。本病一般在温暖多雨的季节流行，在南方早春及梅雨季节高发，北方一般在7~8月份呈地方性流行。所有品种的家兔对本病都有易感染性。成年兔受球虫的感染强度较低，因有免疫力，一般都能耐过。断奶到5月龄的兔最易感染，其感染率可达100%；患病后幼兔的死亡率也很高，可达80%左右。耐过的兔长期不能康复，生长发育受到严重影响，体重一般可减轻12%~27%。

成年兔、兔笼和鼠类等在球虫病的流行中起着很大的作用。球虫卵囊对化学药品和低温的抵抗力很强，但在干燥和高温条件下很容易死亡，如在80℃热水中可耐受10秒钟，在沸水中立即死亡。紫外线对各发育阶段的球虫均有较强的杀灭作用。

【典型症状】根据病程长短和强度，兔寄生虫病可分为：①最急性：病程3~6天，家兔常死亡；②急性：病程1~3周；③慢性：病程1~3月。

根据发病部位可分为肝型、肠型和混合型三种类型。肝型球虫病的潜伏期为18~21天，肠型球虫病的潜伏期依寄生虫种不同为5~11天。除人工感染外，生产中兔发生球虫病往往时是混合型。

病初兔食欲降低，随后废绝，伏卧不动（图5-142），精神沉郁，两眼无神，眼、鼻分泌物增多，贫血，下痢；幼兔生长停滞，有时腹泻或腹泻与便秘交替出现。病兔因肠臌气、肠壁增厚、膀胱积尿、肝脏肿大而出现腹围增大，手叩似鼓。家兔患肝球虫病时，触诊疼痛；肝脏严重损害时，病兔结膜苍白，有时黄染。病至末期，幼兔出现神经症状，如四肢痉挛、头向后仰，有时麻痹，终因衰竭而死亡。

图5-142　患兔精神沉郁，被毛蓬乱，食欲减退，伏地
（任克良）

【病理变化】肝脏变化：肝脏肿大，表面有粟粒至豌豆大的圆形、白色或淡黄色结节病灶（图5-143和图5-144），沿小胆管分布。切面胆管壁增厚，管腔内有浓稠的液体或有坚硬的矿物质。胆囊肿大，胆汁浓稠、色暗。腹腔积液。急性感染时，病兔肝脏极度肿大，较正常肿大7倍。慢性感染时，病兔胆管周围和肝小叶间部分结缔组织增生，肝细胞萎缩（间质性肝炎），胆囊黏膜有卡他性炎症，胆汁浓稠，内含崩解的上皮细胞。镜检

有时可发现大量的球虫卵囊。

　　肠管变化：病变主要在十二指肠、空肠、回肠和盲肠等部。可见肠壁血管充血，肠黏膜充血并有点状溢血（图5-145）。小肠内充满气体和大量黏液，有时肠黏膜覆盖有微红色黏液。慢性感染时，病兔肠黏膜呈淡灰色，肠黏膜上有许多小而硬的白色结节(内含大量球虫卵囊)和小的化脓性、坏死病灶（图5-146至图5-150）。有的盲肠壁有小脓肿。

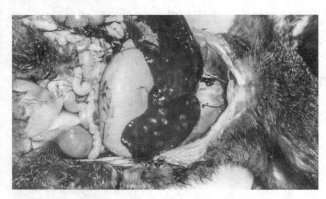

图 5-143　肝结节状病变
(肝表面有淡黄白色圆形结节，膀胱积尿)　(任克良)

图 5-144　球虫性肝炎
(肝脏上密布大小不等的淡黄色结节，胆囊充盈)　(任克良)

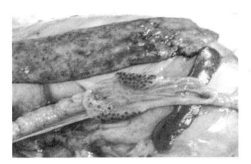

图 5-145　肠道病变（一）

（肠壁血管充血，肠黏膜出血并有点状出血点）（崔平　索勋）

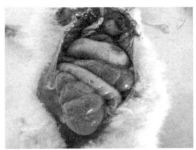

图 5-146　肠道病变（二）

（小肠肠道充满气体和大量黏液）（崔平　索勋）

图 5-147　小肠病变

（混合感染肠艾美耳球虫、大型艾美耳球虫家
兔小肠黏膜覆有微红色黏液）（汪运舟）

图 5-148　结肠病变

（感染黄艾美耳球虫家兔的结肠出血）（汪运舟）

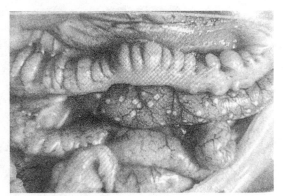

图 5-149　球虫性肠炎（一）

（小肠黏膜呈淡灰色，有白色结节）（董亚芳、王启明）

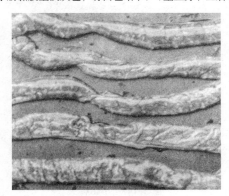

图 5-150　球虫性肠炎（二）

（小肠壁散在大量灰白色球虫结节）（范国雄）

【诊断要点】①温暖潮湿环境易发；②幼龄兔易感染发病，病死率高；③主要表现腹泻、消瘦、贫血等症状；④肝、肠特征的结节状病变；⑤检查粪便卵囊，或用肠黏膜、肝结节内容物及胆汁作涂片，检查卵囊、裂殖体与裂殖子等。具体方法:滴1滴50%甘油水溶液于载玻片上，取火柴头大小的新鲜兔粪便，用竹签加以涂布，并剔去掉粪渣，盖上盖玻片，于显微镜下用低倍镜（10×物镜）检查。饱和盐水漂浮法的操作方法：取新鲜兔粪5~10克放入量杯中，先加少量饱和盐水将兔粪捣烂混匀，再加饱和盐水至50毫升。将此粪液用双层纱布过滤，滤液静置15~30分钟，球虫卵即浮于液面，取浮液镜检。相比较，饱和盐水漂浮法检出率更高。

另外，还可在剖检后取肠道内容物、肠黏膜、结节等进行压片或涂片，用姬姆萨氏液染色，镜检如发现大量的裂殖体、裂殖子等各型虫体也可确诊（图5-151至图5-153）。

【防治措施】①实行笼养，大小兔分笼饲养，定期消毒，保持室内通风干燥。②兔粪尿要堆积发酵，以杀灭粪中卵囊；病死兔要深埋或焚烧；兔青饲料地严禁用兔粪作肥料。③定期对成年兔进行药物预防。④17～90

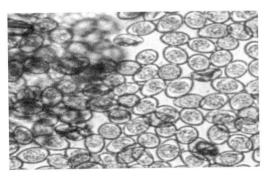

图5-151　盐水漂浮法检查到粪便中兔球虫卵囊

（崔平　索勋）

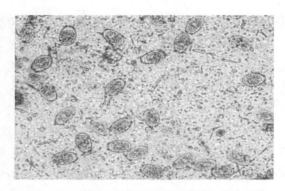

图 5-152　肠道内容物抹片观察到的兔球虫卵囊
（崔平　索勋）

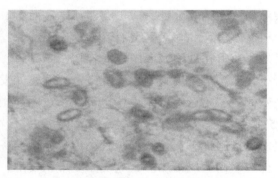

图 5-153　肠黏膜抹片观察到的未成熟兔球虫卵囊
（崔平　索勋）

日龄兔的饲料或饮水中添加抗球虫药物。氯苯胍，按 0.015%混饲；托曲珠利（甲基三嗪酮），按 0.0015%饮水，连用 21 天。地克珠利（氯嗪苯乙氰），饲料和饮水中按 0.0001%添加。

发生本病可按以上药物加倍剂量用药，其中托曲珠利治疗剂量为 0.0025%饮水，连喂 2 天，间隔 5 天，再用 2 天。

【诊治注意事项】注意球虫引起的肝结节与豆状囊尾蚴、肝毛细线虫等引起的肝病变的鉴别。预防用抗球虫药物要经常轮换使用或交替使用，以防球虫产生抗药性。

2.脑炎原虫病

兔脑炎原虫病是由兔脑炎原虫引起的，一般为慢性、隐性感染，病兔常无症状，有时见脑炎和肾炎症状。

【病原】兔脑炎原虫的成熟孢子呈杆状，两端钝圆，或呈卵圆形。

【流行特点】本病广布于世界各地。病兔的尿液中含有兔脑炎原虫。本病主要感染途径为消化道、胎盘，秋、冬季节多发，感染率为15%～76%。

【典型症状与病变】通常呈慢性或隐性感染，常无症状，有时可发病，秋、冬季节多发。各年龄兔均可感染发病，见脑炎和肾炎症状，如惊厥、颤抖、斜颈、麻痹、昏迷、平衡失调（图5-154）、蛋白尿及腹泻等。剖检见肾表面有白色小点或大小不等的凹陷状病灶（图5-155），病变严重时肾表面呈颗粒状或高低不平。

【诊断要点】主要根据肾脏的眼观变化及肾、脑的组织变化作出诊断。肾脏、脑可见淋巴细胞与浆细胞肉芽肿，肾小管上皮细胞和脑肉芽肿中心可见脑炎原虫，也可见到淋巴细胞性心肌炎及肠系膜淋巴结炎。

【防治措施】目前尚无有效的治疗药物，可试用芬苯达唑或土霉素。淘汰病兔，加强防疫和改善卫生条件

图 5-154　脑炎症状

（颈斜）（任克良）

图 5-155 肾凹陷病灶
（肾表面有大小不一的凹陷状病灶）（任克良）

有利于本病的预防。

【诊治注意事项】发生本病时，生前诊断很困难，因为神经症状和肾炎症状很难与本病联系在一起。注意本病与有斜颈症状疾病（如李氏杆菌病、巴氏杆菌病等）的鉴别。病原体的形态与弓形虫有一定相似，注意鉴别。但革兰氏染色脑炎原虫呈阳性，弓形虫呈阴性；苏木精 - 伊红染色时，脑炎原虫不易着色，而弓形虫则可着色。

3.豆状囊尾蚴病

豆状囊尾蚴病是由豆状带绦虫 - 豆状囊尾蚴寄生于兔的肝脏、肠系膜和大网膜等所引起的疾病。

【病原】豆状带绦虫寄生于犬、狼、猫和狐狸等肉食兽的小肠内，成熟绦虫排出含卵节片，兔食入污染有节片和虫卵的饲料后，六钩蚴便从卵中钻出，进入肠壁血管，随血流到达肝脏；再钻出肝膜，进入腹腔，在肠系膜、大网膜等处发育为豆状囊尾蚴。豆状囊尾蚴虫体呈囊泡状，大小为 10～18 毫米，囊内含有透明液和一个头节，具成虫头节的特征（图 5-156）。

图 5-156　豆状囊尾蚴的形态
（豆状囊尾蚴呈小泡状，其中有一个白色头节）（任克良、李燕平）

【流行特点】本病呈世界性分布，各种年龄的兔均可发生。因成虫寄生在犬、狐狸等肉食动物的小肠内，因此凡饲养有犬的兔场，如果对犬管理不当，往往造成整个兔群发病。

【典型症状与病变】轻度感染一般无明显症状。大量感染时可导致肝炎和消化障碍等表现，如食欲减退、腹围增大、精神不振、嗜睡、逐渐消瘦，最后因体力衰竭而死亡。急性发作可引起突然死亡。剖检见囊尾蚴一般寄生在肠系膜、大网膜、肝表面、膀胱等处浆膜，数量不等，似小水泡或石榴籽状（图5-157至图5-159）。虫体通过肝脏的迁移导致肝纤维化和坏疽的发生（图5-160和图5-161）。

【诊断要点】兔场饲养有犬的兔群多发生本病。生前仅以症状难以作出诊断，可用间接血凝反应检测诊断。剖检发现豆状囊尾蚴即可作出确诊。

【防治措施】做好兔场饲料卫生管理；兔场内禁止饲养犬、猫或对犬、猫定期进行驱虫。驱虫药物可用吡喹酮，根据说明用药。勿让犬、猫食入带虫的病兔尸体。

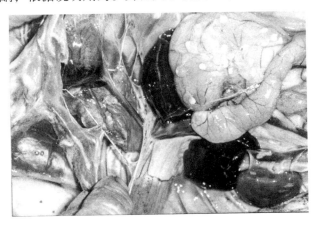

图5-157　胃浆膜面寄生的豆状囊尾蚴

（任克良）

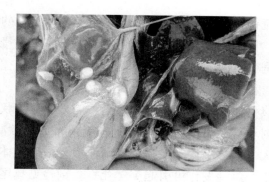

图 5-158　膀胱上寄生的豆状囊尾蚴

(任克良)

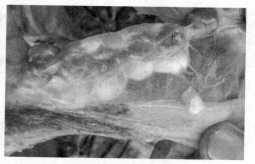

图 5-159　直肠浆膜上寄生的囊尾蚴

(任克良)

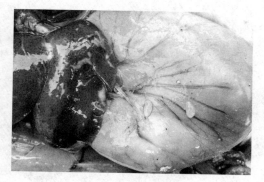

图 5-160　肝　炎 (一)

(六钩蚴在肝内移行所致的弯曲条纹状结缔组织增生，胃浆膜有
几个豆状囊尾蚴寄生) (任克良)

图 5-161　肝　炎（二）

（肝大面积结缔组织增生）（任克良）

治疗：可用吡喹酮，每千克体重 10～35 毫克，口服，每天 1 次，连用 5 天。

【诊治注意事项】凡养犬的兔场，本病发生率较高。兔群一旦检出一个病例，应考虑全群预防和治疗。

4.螨病

兔螨病又称疥癣病，是由痒螨和疥螨等寄生于兔的体表或真皮而引起的一种高度接触性慢性外寄生虫病，其特征为病兔剧痒、结痂性皮炎、脱毛和消瘦。

【病原】兔螨病病原为耳螨、毛螨和穴螨三大类螨虫。常见的耳螨为兔痒螨，虫体较大，肉眼可见，呈长圆形，大小为 0.5～0.9 毫米（图 5-162）。常见的毛螨为寄食姬螨和囊凸牦螨，秋季恙螨和鸡刺皮螨是较为少见的毛螨。穴螨中的兔疥螨对兔群危害最大，也最为常见。该虫体较小，肉眼勉强能见，圆形，色淡黄，背部隆起，腹面扁平。雌螨体长 0.33~0.45 毫米，宽 0.25～0.35 毫米；雄螨体长 0.2~0.23 毫米，宽 0.14~0.19 毫米（图 5-163）。兔背肛螨较为少见。

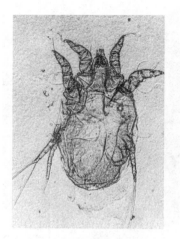

图 5-162　痒螨的形态
（甘肃农业大学家畜寄生虫室）

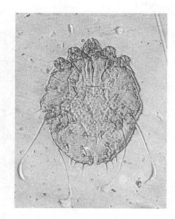

图 5-163　疥螨的形态
（甘肃农业大学家畜寄生虫室）

【流行特点】不同年龄的家兔都可以感染本病，但幼兔比成年兔易感性强，发病严重。本病主要通过健康兔和病兔接触而感染，也可由兔笼、饲槽和其他用具而间接传播。日光不足、阴雨潮湿及秋冬季节最适于螨的生长繁殖和促使本病的发生。

【典型症状与病变】痒螨病：由痒螨引起。主要寄生在耳内，偶尔也可寄生于其他部位，如会阴的皮肤皱襞。病兔频频甩头，检查耳根、外耳道内是否有黄色痂皮和分泌物(图 5-164)。病变蔓延中耳、内耳甚至脑膜炎时，可导致兔出现斜颈、转圈运动、癫痫等症状（图 5-165）。

毛螨病：主要寄生于兔的背部和颈部的角质层，但其并不像疥螨一样在皮肤上挖掘隧道。感染本病的兔往往与兔患牙齿疾病、肥胖或脊柱病等有关。感染部位可出现皮屑、脂溢性病变及瘙痒症状，有时还可造成过敏性反应。

疥螨病：由兔疥螨引起。一般先在头部和掌部无毛或短毛部位，如脚掌面、脚爪部、耳边缘、鼻尖、口唇、

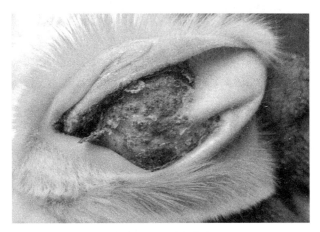

图 5-164　耳内病变
（耳郭内皮肤粗糙、结痂，有较多干燥分泌物）（任克良）

图 5-165　神经症状
（痒螨引起的斜颈）（任克良）

眼圈等部位，引起白色痂皮(图 5-166 至图 5-168)，然后蔓延到其他部位及全身。感染本病时，兔有痒感，频频用嘴啃咬患部，故患部发炎、脱毛、结痂、皮肤增厚和龟裂。兔采食下降，如果不及时治疗，最终消瘦、贫血，甚至死亡。

有的病例家兔被痒螨、疥螨同时感染（图 9-169）。

图 5-166　四肢脚爪病变

（四肢均被感染、结痂）（任克良）

图 5-167　耳部病变

（外耳道有淡红色干燥分泌物；耳边缘皮肤增厚、结痂）（任克良）

图 5-168　嘴部病变

（嘴唇皮肤结痂、龟裂）（任克良）

图 5-169　耳内、耳边缘及鼻部被痒
螨、疥螨等同时感染

(任克良)

【诊断要点】①秋、冬季节多发；②皮肤结痂脱毛等特征病变，病变部有痒感；③在病部与健部皮肤交界处刮取痂皮检查，或用组织学方法检查病部皮肤，发现螨虫即可确诊。

【防治措施】兔舍、兔笼定期用火焰或2%敌百虫水溶液进行消毒。发现病兔，应及时隔离治疗，种兔停止配种。

治疗：①伊维菌素，是目前预防和治疗本病最有效的药物，有粉剂、胶囊和针剂，根据说明使用。②螨净(成分为 2- 异丙基 -6 甲基 -4 嘧啶基硫代磷酸盐)，按1∶500 比例稀释，涂擦患部。

【诊治注意事项】注意与湿疹及毛癣菌病鉴别。治疗时注意：①治疗后，每隔 7～10 天再重复一个疗程，直至治愈为止。②治疗与消毒兔笼同时进行。③家兔不耐药浴，不能将整只兔浸泡于药液中，仅可依次分部位治疗。痒螨病易治疗；疥螨病较顽固，需要多次用药。

外用药治疗疥螨病时，为使药物与虫体充分接触，应先将患部及其周围处的被毛剪掉，用温肥皂水或 0.2% 的来苏儿溶液彻底刷洗、软化患部，清除硬痂和污物后用清水冲洗干净，然后再涂抹杀药物，效果较好。

5.蛲虫病

兔蛲虫病是由栓尾线虫寄生于兔的盲肠和结肠所引起的一种感染率较高的寄生虫病。

【病原】栓尾线虫呈白线头样，成虫长 5~10 毫米，寄生在兔的盲肠和结肠。

【流行特点】本病分布广泛，獭兔多发。

【典型症状与病变】少量感染时，兔一般不表现症状。严重感染时，兔表现心神不定。当肛门有蛲虫活动或雌虫在肛门产卵时，病兔表现不安，肛门发痒，用嘴啃肛门处，采食、休息均受影响，精神沉郁，被毛粗乱，逐渐消瘦，下痢（图 5-170）。剖检见大肠内也有栓尾线虫（图 5-171 和图 5-172）。严重感染时，兔肝脏、肾脏呈土黄色（图 5-173）。

图 5-170　粪球上附着的蛲虫

（任克良）

图 5-171　盲肠内容物中的蛲虫
（任克良）

图 5-172　盲肠中寄有大量蛲虫
（任克良）

　　【诊断要点】獭兔多发。根据患兔常用嘴、舌啃舔肛门的症状可怀疑本病，在肛门处、粪便中或剖检时在大肠发现虫体即可确诊。

　　【防治措施】①加强兔舍、兔笼的卫生管理，对食盒、饮水用具要定期消毒，粪便进行堆积发酵处理。②引进的种兔应隔离观察 1 个月，确认无病方可入群。③兔群

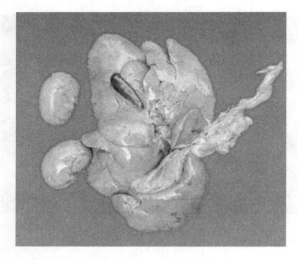

图 5-173　肝脏、肾脏呈土黄色

（任克良）

每年进行 2 次定期驱虫，可用丙硫苯咪唑或伊维菌素。

治疗：①伊维菌素，有粉剂、胶囊和针剂，根据说明使用。②丙硫苯咪唑(抗蠕敏)，每千克体重 10 毫克，口服，每天 1 次，连用 2 天。③左旋咪唑，每千克体重 5～6 毫克，口服，每天 1 次，连用 2 天。

【诊治注意事项】①本病容易诊断。②发时本病时虽然致死率极低，但对兔的休息和营养利用影响较大，故应引起重视。

（三）普通病

1.维生素 A 缺乏症

维生素 A 缺乏症是家兔维生素 A 长期摄入不足或吸收障碍所引起的一种慢性代谢病，其特征为生长迟缓、角膜混浊和繁殖功能障碍等。

【病因】饲粮中缺乏青绿饲料、胡萝卜素或维生素

A 添加剂；饲料贮存方法不当，如暴晒、氧化等破坏了饲料中的维生素 A 前体。患肠道病、肝球虫病等，影响维生素 A 的吸收、转化和贮存。

【典型症状与病变】仔兔、幼兔生长发育缓慢。母兔繁殖率下降，不易受胎，即使受胎也易发生早期胎儿死亡和吸收、流产、死产或产出先天性畸形胎儿，如脑积水（图 5-174 至图 5-175）、失明（图 5-176）等。脑积水兔头颅较大，用手触摸软而大，剖检见脑内有大量的积水（图 5-177）。长期缺乏可引起视觉障碍，

图 5-174　脑积水
（胎儿头颅骨膨大）（任克良）

如眼睛干燥、结膜发炎、角膜浑浊，严重者失明。有的出现转圈、惊厥、左右摇摆、四肢麻痹等症状（图 5-178）。

【诊断要点】①饲料中长期缺乏青饲料或维生素 A 含量不足，有发育迟缓、视力、运动、生殖等功能障碍症状。②测定血浆中维生素 A 的含量，若低于每升 20～80 微克则为维生素 A 缺乏。

图 5-175　仔兔头颅骨积水膨大
（任克良）

图 5-176　眼　疾

（整窝仔兔出生后眼角膜混浊，失明）（任克良）

图 5-177　颅腔积水，大脑萎缩

（任克良）

图 5-178　头颅膨大，四肢麻痹

（任克良）

【防治措施】 经常给兔饲喂青绿、多汁的饲料。保证每千克兔饲粮中 10 000 单位的维生素 A。及时治疗兔球虫病和肠道疾病。

治疗：群体饲喂时每 10 千克饲料中添加鱼肝油 2 毫升。个别病例可内服或肌内注射鱼肝油制剂。

【诊治注意事项】 该病症状在多种疾病都有可能出现，因此诊断时在排除相关疾病后应和饲料营养成分联系起来进行分析。

2.维生素 E 缺乏症

家兔维生素 E 缺乏症是由饲粮中维生素 E 缺乏所引起的营养缺乏病，其特征为幼兔生长迟缓、运动障碍、肌肉变性苍白，成年兔繁殖功能下降等。

【病因】 饲料中维生素 E 含量不足；饲料中含过量不饱和脂肪酸（如猪油、豆油等）酸败产生的过氧化物，促进了维生素 E 的氧化。兔患肝脏疾病，如患球虫病时，维生素 E 贮存减少，而利用和破坏反而增加。

【典型症状与病变】 患兔表现强直、进行性肌肉无力。不爱运动，喜卧地，全身紧张性降低（图 5-179）。

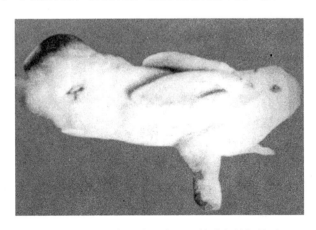

图 5-179　病兔肌肉无力，两前肢向外侧伸展

（王云峰等）

肌肉萎缩并引起运动障碍，步样不稳，平衡失调，食欲减退至废绝。体重逐渐减轻，全身衰竭，大小便失禁，直至死亡。幼兔表现生长发育停滞。母兔受胎率降低，发生流产或死胎；公兔睾丸损伤，精子产生减少。剖检可见骨骼肌、心肌颜色变淡或苍白，镜检呈透明样变性（图5-180）、坏死，也见钙化现象，尤以骨骼肌变化明显。

图5-180　横纹肌透明变性苍白

（程相朝等）

【诊断要点】根据运动障碍、生殖功能下降和肌肉特征病变可怀疑本病，也可进行治疗性诊断。但综合性诊断较为全面、准确。

【防治措施】经常给兔饲喂青绿、多汁饲料，如大麦芽、苜蓿等，或补充维生素E添加剂；避免喂含不饱和脂肪酸的酸败饲料；及时治疗兔肝脏疾病，如兔球虫病等。

治疗：①饲粮中添加维生素E，每千克体重每天0.32～1.4毫升。②肌内注射维生素E制剂，每次1 000国际单位，每天2次，连用2～3天。③病兔肌内注射0.1%亚硒酸钠溶液，幼兔0.2～0.3毫升、成年兔0.5～1.0

毫升，或按每千克体重 0.1 毫克计算用量。病情较重时，1 周重复注射 1 次。

【诊治注意事项】本病应进行综合诊断，如考虑发生特点（幼兔多发、群发）、饲料分析（维生素 E 缺乏）、主要症状（运动障碍、心衰）、病理变化（骨骼肌、心肌等变性坏死）等。

3.佝偻病

佝偻病是幼兔维生素 D 缺乏、钙磷代谢障碍所致的营养代谢疾病，其特征为消化紊乱、骨骼变形与运动障碍。

【病因】 饲料中钙、磷缺乏，钙磷比例不当或维生素 D 缺乏起。

【典型症状与病理变化】 精神不振，四肢向外侧斜，身体呈匍匐状，凹背，不愿走动（图 5-181）。四肢弯曲，关节肿大（图 5-182）。肋骨与肋软骨交界处出现"佝偻珠"（图 5-183）。死亡率较低。血清检查时血清磷水平下降和碱性磷酸酶活性升高，而血清钙变化不明显，仅在疾病后期才有所下降。

图 5-181 临床症状（幼兔）

（不愿走动，喜伏地，四肢向外斜，身体呈匍匐状，凹背） （任克良）

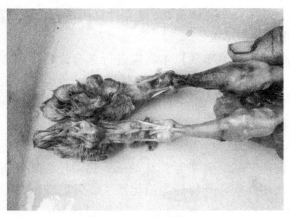

图 5-182　关节肿大
(任克良)

图 5-183　"佝偻珠"
(肋骨与肋软骨结合处肿大，呈串珠状)(任克良)

【诊断要点】　①检测饲料中钙、磷含量；②是否为特征症状和骨关节病变；③治疗性诊断，即补钙剂疗效明显。

【防治措施】　经常性地在饲料中添加足量钙、磷添加剂（如骨粉或磷酸氢钙等）和维生素 D，增加光照时间。保障饲粮中钙、磷和维生素 D 含量分别达 0.7% ~ 1.2%、0.4% ~ 0.6%和 1 000 单位 / 千克。

治疗：维生素 D 胶性钙，每只兔每次 1 000 ~ 2 000 单位，肌内注射，每天 1 次，连用 5 ~ 7 天。维生素 AD 注射液，每只兔每次 0.3 ~ 0.5 毫升，肌内注射，每天 1 次，连用 3 ~ 5 天。内服磷酸钙 0.5 ~ 1.0 克或骨粉 1.0 ~ 2.0 克。

【诊治注意事项】幼兔饲料中钙、磷比例一定适合，一般为（1~2）：1，高于或低于此比例，尤其是伴有轻度维生素 D 不足时即可发生此病。

4.高钙症

兔高钙症是由于饲料中钙盐含量较高所引起的一种营养代谢病。

【病因】饲料中钙盐饲料含量较高，维生素 D 中毒也可引起。

【典型症状与病变】 无明显临诊症状，但病兔尿液呈白色，笼地板或粪沟地面上有白色钙质析出（图 5-184）。最新研究表明，高钙还可引起母兔死胎率增加。剖检可见肾脏中有颗粒状钙盐沉积（图 5-185），膀胱中积有大量钙盐（图 5-186）。

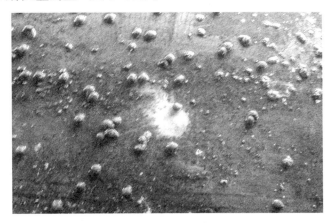

图 5-184　高钙症 （一）

（病兔排出白色尿液）（任克良）

图 5-185　高钙症 (二)

(肾脏表面和切面可见结石样颗粒)　(H.CH.Lδllier)

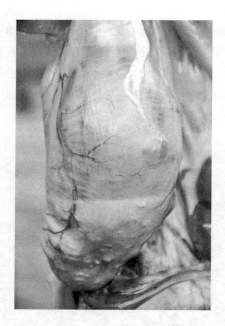

图 5-186　膀胱中积有大量沉淀的钙盐

(任克良)

【防治措施】 饲料中钙的含量应维持在 0.7% ~ 1.2%，同时注意钙、磷比例。

【诊治注意事项】 肾脏病变应和其他疾病的结节病变相鉴别，如结核结节、小脓肿等，但这些病变质地较软。虽然家兔可以忍耐饲料中较高的钙水平，但过高会引起本病。

5.异食癖

异食癖是由于代谢机能紊乱，味觉异常的一种非常复杂的多种疾病的综合征。临床上认为以无营养价值而不应采食的东西为特征，常见的有食仔癖、食毛症和食足癖等。异食癖不只是一种病，而且是许多疾病（如软骨症、慢性消化不良等）的一种临床症状，多发生在冬季和早春舍饲的兔群。

【病因】 本病病因比较复杂，一般认为与之相关的因素有：①饲料中缺乏某些矿物质和微量元素。②饲料中缺乏维生素特别是缺乏 B 族维生素。③饲料中缺乏某些蛋白质和氨基酸。临床上母兔吞食仔兔、家兔食毛可能就是这个原因。④一些疾病的经过中出现异食现象，如佝偻病、慢性消化不良、寄生虫疾病等。

母兔食仔还可能与母兔产前、产后得不到充足的饮水及口渴难忍有关。

【典型症状与病变】

（1）食仔癖 本病表现母兔吞食刚生下或产后数天的仔兔。有些将胎儿全部吃掉，仅发现笼底或巢箱内有血迹，有些则食入部分肢体（图 5-187）。

（2）食毛癖 本病多发于 1 ~ 3 月龄的幼兔。较常见于秋冬或冬春季节。主要症状为病兔头部或其他部位缺毛。自食、啃吃他兔或相互啃食被毛现象（图 5-188 和图 5-189）。食欲不振，喜饮水，大便秘结，粪球中常混有兔毛。触诊时可感到胃内或肠内有块状物，胃体积

图 5-187　被母兔吞食后剩余的仔兔残体
（任克良）

图 5-188　右侧兔正在啃食左侧兔的被毛
（左侧兔体躯大片被毛已被啃食掉）（任克良）

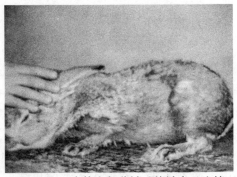

图 5-189　身体大部分被毛均被自己吃掉
（除头、颈、耳难以啃到的部位外）（任克良）

膨大。剖检可见胃内容物混有毛或形成毛球，有时因毛球阻塞胃而导致肠内空虚现象，或毛球阻塞肠而继发阻塞部前段肠膨气（图 5-190 和图 5-191）。

图 5-190　从胃中取出的大块毛团
(任克良)

图 5-191　毛球阻塞胃使肠道空虚
(任克良)

（3）食足癖　家兔不断啃咬脚趾尤其是后脚趾，伤口经久不愈。严重的露出趾节骨，有的感染化脓或坏死（图 5-192 和图 5-193）。

【诊断要点】①冬季、初春多发；②有明显的临床症状。

【防治措施】

图 5-192　被啃咬的后脚趾已露出趾骨，并有出血

（任克良）

图 5-193　脚趾皮肤被啃食

（任克良）

（1）预防

①供给家兔营养均衡的饲粮，饲粮中应富含蛋白质、钙、磷、微量元素和维生素等营养物质。②产仔箱要事先消毒，垫窝所用草等物切勿带异味。产前、产后供给母兔充足的饮水。分娩时保证舍内安静。产仔后，检查巢窝，发现死亡仔兔，立即清理。检查仔兔时，必须洗手（不能涂擦香水等化妆品）或带上消毒手套。③日常及时清理饮水盆和垫草上的兔毛，兔毛可用火焰喷灯焚烧。每周停喂一次粗饲料可以有效控制毛球的形成，也可在饲料中添加 1.87% 氧化镁，防止食毛症的发生。④及时治疗体内外寄生虫病和慢性消耗性疾病等。

（2）治疗

①一旦发现母兔食仔症状时，迅速把产仔箱连同仔兔拿出，采取母仔分离饲养。对于连续两胎食仔的母兔作淘汰处理。②食毛兔的治疗。病情轻者，多喂青绿、多汁饲料，多运动即可治愈。胃肠如有毛球可内服植物油，如豆油或蓖麻油，每次 10～15 毫升，然后让家兔运动，待进食时再给其饲喂易消化的柔软饲料。同时用手按摩胃肠，以促进毛球排出。对于胃肠毛球治疗无效者，应施以外科手术取出毛球或淘汰病兔。③食足癣目前无有效治疗方法，可对症治疗。

【诊治注意事项】供给营养均衡的饲粮是预防本病的关键。

6.尿石症

尿石症即尿结石，是指尿路中形成硬如沙石状的盐类凝固物，刺激黏膜引起出血、炎症和尿路阻塞等病变的疾病。

【病因】 饲喂高钙饲粮、饮水不足、维生素 A 缺乏、饲粮中精饲料比例过大、肾及尿路感染发炎等均可引起本病。

【典型症状与病变】病初无明显症状，随后病兔精神萎靡，不思饮食或不吃颗粒料，仅采食青绿、多汁饲料，尿量很少或呈滴状淋漓，有时排血尿，尾部经常性被尿液浸湿。排尿困难，弓背，粪便干、硬、小，日渐消瘦。患病后期后肢麻痹、瘫痪。剖检见肾盂、膀胱与尿道内有大小不等、多少不一的淡黄色结石，局部黏膜出血、水肿或形成溃疡（图5-194至图5-197）。

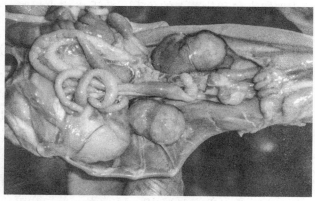

图5-194　肾脏变形

（肾盂中有结石形成，故肾脏肿大、表面凹凸不平、颜色变淡）（任克良）

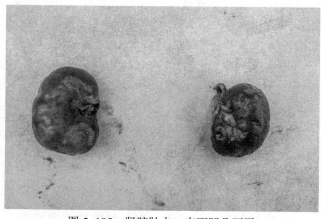

图5-195　肾脏肿大、表面凹凸不平

（任克良）

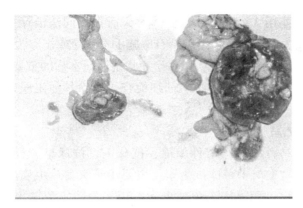

图 5-196 肾盂结石

（右肾肿大，出血。左肾萎缩，在肾切面见肾盂
中有淡黄色、大小不等的结石）（任克良）

图 5-197 肾盂中有大小不等的结石

（任克良）

【诊断要点】 成年兔、老龄兔多发。患兔仅采食青绿、多汁饲料。有排尿困难等症状。触摸两侧肾脏，有石头样感觉。肾脏肿大或萎缩。尿路有结石及病变。

【防治措施】

（1）预防措施 合理配制饲粮，精饲料比例不宜过高，钙、磷比例适中，补充维生素 A，保证充足的饮水。

（2）治疗 ①结石较小时，每日口服氯化铵 1~2 毫升，连用 3～5 天，停药 3～5 天后再按同法治疗 5 天。②较大的肾结石、膀胱结石应施手术治疗或作淘汰处理。

【诊治注意事项】临诊症状是诊断本病的重要依据，但不能以此确诊，必须仔细检查，排除其他泌尿系统疾病。

7.马杜拉霉素中毒

马杜拉霉素俗称加福、抗球王、抗球皇、杜球等，为聚醚类离子载体抗生素。主要用于家禽球虫病的预防和治疗，而不用于兔球虫病。用于预防家兔球虫病时，如剂量稍大或长期使用，便会引起家兔中毒甚至死亡。

【病因】马杜拉霉素用于预防兔球虫病，预防剂量与中毒剂量十分接近，剂量稍高或饲料搅拌不均匀或长期饲喂，均可引起兔中毒。

【典型症状与病变】笔者按推荐剂量饲喂后第 5 天兔就出现中毒表现。青年兔、泌乳母兔先发病，精神不振，食欲废绝，感觉迟钝，嗜眠，体温正常，排尿困难，粪便变小，四肢发软，嘴着地，似翻跟头动作（图5–198），数小时后死亡。如剂量稍大或搅拌不均匀，兔

图 5–198　嗜眠，头、嘴着地，似翻跟头动作

(任克良)

采食后 24 小时即出现如上症状，且迅速死亡。剖检见心包腔与腹腔积液（图 5-199 和图 5-200），胃黏膜脱落（图 5-201），肝瘀血、肿大，肾变性色红等（图 5-202）。

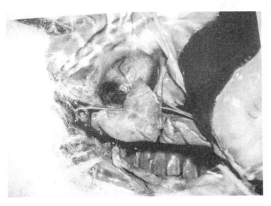

图 5-199　心包腔积液，胸腺有出血点

（任克良）

图 5-200　腹腔积液，肠袢有纤维素附着，
肠腔内有淡黄色性液状内容物

（任克良）

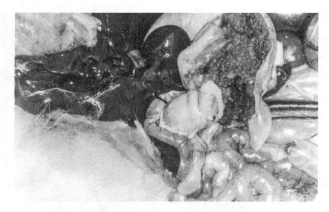

图 5-201　胃黏膜脱落

（任克良）

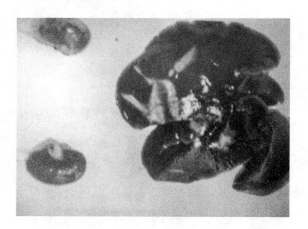

图 5-202　肝瘀血、肿大，上有坏死灶；胆
囊胀大，充满胆汁；肾变性色淡

（任克良）

【诊断要点】①有添喂马杜拉霉素史，群发；②有
上述症状和病变；③饲料与胃内容物马杜拉霉素检测。

【防治措施】禁止使用马杜拉霉素用于预防兔球虫
病。

治疗：目前马杜拉霉素中毒尚无特效药，一般采取的治疗措施有：①立即停止饲喂含药饲料，换用新的饲料。②口服补液盐，同时配合速补多维饮水。③将中毒兔放在安静、通风、避光处饲养。

【诊疗注意事项】严格禁止家兔用马杜拉霉素作为抗球虫药物。

8.食盐中毒

家兔食盐中毒是食盐摄入体内过多而饮水不足所引起的中毒性疾病。

【病因】饲料中食盐添加过多或使用食盐含量过高的鱼粉，饮水不足；有些地区用咸水喂兔等，都可引起中毒。

【典型症状与病变】病初食欲减退，精神沉郁，结膜潮红（图5-203），口渴，腹泻成堆（图5-204）。随后兴奋不安，头部震颤，步样蹒跚。严重的呈癫痫样痉挛，角弓反张，呼吸困难，牙关紧闭，卧地不起而死（图5-205）。剖检见出血性胃肠炎，胸腺出血，肺、脑膜充血、出血、水肿等病变（图5-206至图5-209）；组织上见嗜酸性粒细胞性脑炎。

图5-203　病兔不安，站立不稳，结膜充血、潮红

（任克良）

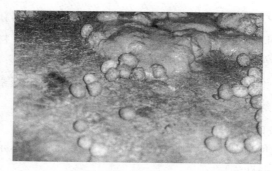

图 5-204　粪便性质未变，但不成形
（任克良）

图 5-205　神经症状，卧地不起
（任克良）

图 5-206　胃黏膜脱落
（任克良）

图 5-207 　胃黏膜充血、出血，糜烂
（任克良）

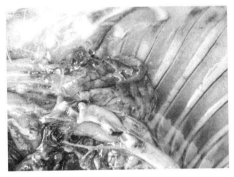

图 5-208 　胸腺有出血点
（任克良）

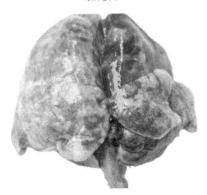

图 5-209 　肺充血、出血、水肿
（任克良）

【诊断要点】①有饲喂过多食盐史；②表现结膜充血，不安、昏迷等神经症状；③出血性胃肠炎、嗜酸性粒细胞性脑炎；④注意饲料、胃肠内容物的氯化钠含量检测。

【防治措施】严格掌握饲料中食盐的添加剂量，使用鱼粉时要计算其中的含盐量，供给兔充足、清洁的饮水。

治疗：供给兔充足、清洁饮水的同时，内服油类泻剂5~10毫升。根据症状，采取镇静、补液、强心等措施。

【诊疗注意事项】根据症状和眼观病变常难以作出诊断，因此最好做脑组织切片和饲料、胃内容物的氯化钠含量检测。

9.霉菌毒素中毒

霉菌毒素中毒是指家兔采食了发霉饲料而引起的中毒性疾病，是目前危害养兔生产的主要疾病之一。

【病因】自然环境中，许多霉菌寄生于含淀粉的粮食、糠麸、粗饲料上，如果温度（28℃左右）和湿度（80%~100%）适宜，就会大量生长繁殖，有些会产生毒素，家兔采食即可引起中毒。常见的毒素有黄曲霉毒素、赤霉菌毒素等。

【典型症状与病变】病兔精神沉郁，不食，先便秘后腹泻（图5-210），粪便带黏液或血（图5-211）。流涎、口唇皮肤发绀。常将两后肢的膝关节凸出于臀部两侧，呈"山"字形伏卧笼内，呼吸急促，出现神经症状，后肢软瘫，全身麻痹。母兔不孕或怀孕后流产。慢性者精神萎靡，不食，腹围膨大（图5-212）。剖检见肺充血、出血（图5-213）。肠黏膜易脱落，肠腔内有白色黏液（图5-214）。肾脏、脾肿大，瘀血（图5-215）。有的盲肠积有大量硬粪，肠壁菲薄（图5-216），有的浆膜有出血斑点。

图 5-210 腹 泻
（任克良）

图 5-211 黏液粪便
（任克良）

图 5-212 精神不振，不食，腹围膨大
（任克良）

图 5-213　肺充血，有出血斑
(任克良)

图 5-214　肠黏膜脱落，肠腔内容物混有白色黏液
(任克良)

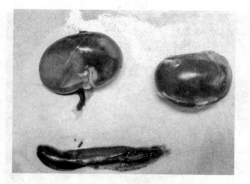

图 5-215　肾脏、脾肿大，瘀血
(任克良)

图 5-216　盲肠积有干硬粪块，肠壁菲薄

(任克良)

【诊断要点】①有饲喂霉变饲料史；②触诊大肠内有硬结；③肺、肾、脾瘀血，肿大等病变；④检测饲料霉菌或毒素。

【防治措施】禁喂霉变饲料是预防本病的重要措施。在饲料的收集、采购、加工、保管等环节加以注意。饲料中添加防霉制剂，如0.1%丙酸钠或0.2%丙酸钙对霉菌有一定的抑制作用。

治疗：首先停喂发霉饲料，用2%碳酸氢钠溶液50~100毫升灌服洗胃，然后灌服5%硫酸钠溶液50毫升；或稀糖水50毫升，外加维生素C 2毫升；或将大蒜捣烂喂服，每只兔每次2克，1天2次；10%葡萄糖50毫升，加维生素C 2毫升，静脉注射，每天1~2次；或氯化胆碱70毫升、维生素B_{12}5毫克、维生素E10毫克，1次口服。

【诊疗注意事项】霉菌毒素种类不同，症状、剖检各异。注意与其他中毒性疾病鉴别。

（四）产科病

1.生殖器官炎症

生殖器炎症是指非传染性原因所致的生殖器官炎症的总称，包括母兔的阴部炎、阴道炎和子宫内膜炎，以及公兔的包皮炎和阴囊炎等，是家兔常见的一类炎症性疾病。

【病因】 母兔生殖器炎症多由于分娩或外伤感染造成；公兔生殖器炎症常因包皮内蓄积污垢、寄生虫或外伤等引起。

【典型症状与病变】

（1）阴部炎 外阴红肿，严重时溃烂并结痂，有的发生脓肿（图5-217和图5-218）。

（2）阴道炎 阴道黏膜肿胀、充血及溢血，从阴道内流出不同性状的分泌物。

（3）子宫内膜炎 从阴道内排出污秽、恶臭的白色分泌物等（图5-219）。母兔时常努责，屡配不孕。剖检可见子宫壁有白色脓汁，子宫浆膜上有脓肿（图5-220至图5-221）。

（4）包皮炎 包皮热痛肿胀，尿流不齐，积垢坚硬如石，严重时排尿困难。包皮阴茎发炎，内有白色脓汁（图5-222）。

（5）阴囊炎 阴囊皮肤呈炎性充血肿胀，严重时化脓破溃（图5-223）。如炎症波及内部组织，则睾丸肿大，触及有痛感。

【诊断要点】根据临诊症状一般可作出初步诊断。母兔生殖器炎症多伴有屡配不孕。

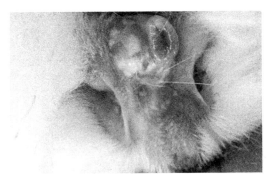

图 5-217　阴部炎（一）

（外阴部发生化脓性炎症）（任克良）

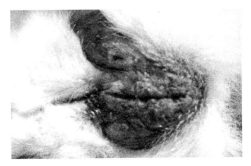

图 5-218　阴部炎（二）

（外阴部红肿，有明显炎症反应）（任克良）

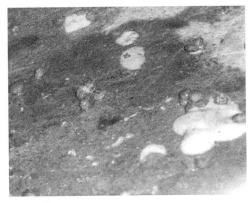

图 5-219　从子宫内排出白色脓汁

（任克良）

图 5-220　子宫内膜炎

（子宫内膜潮红，附有白色脓汁）（任克良）

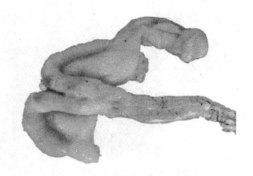

图 5-221　子宫炎

（子宫壁潮红肿大，内有脓肿形成）（任克良）

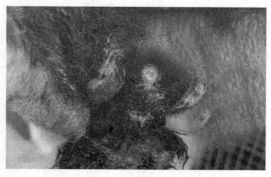

图 5-222　阴茎、包皮炎

（包皮及阴茎发炎化脓，见有白色脓汁）（任克良）

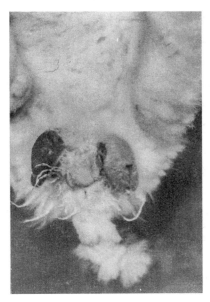

图 5-223 阴囊炎
（阴囊皮肤潮红，稍肿胀）（任克良）

【防治措施】保持兔笼清洁卫生，去除有尖刺的异物。3 月龄以上兔要分笼饲养，严禁相互咬架，防止外伤。一旦发现有外伤，及时用碘酒涂擦。发现病兔，立即隔离，并禁止患本病的兔参加配种。

治疗：患部先用 0.1%高锰酸钾溶液、3%过氧化氢水、0.1%雷佛奴尔或 0.1%新洁尔灭溶液清洗，再涂消炎软膏，每日 2~3 次，并配合全身治疗，如肌内注射青霉素，每只兔 10 万单位。也可口服磺胺噻唑，首次量每千克体重 0.2 克，每天 3 次，维持量减半。为促进子宫腔内分泌物的排出，可使用子宫收缩剂，如皮下注射垂体后叶素 2 万~4 万单位。

【诊疗注意事项】母兔患子宫内膜炎、子宫积脓等疾病时，最好作淘汰处理。

2.不孕症

　　不孕症是引起母兔暂时或永久性不能生殖的各种繁殖障碍的总称。

　　【病因】①母兔过肥、过瘦；饲料中蛋白质缺乏或质量差，维生素 A、维生素 E 或微量元素等含量不足；换毛期间内分泌机能紊乱。②公兔过肥，长时间不用，配种方法不当。③各种生殖器官疾病，如子宫炎，阴道炎，卵巢脓肿、肿瘤，胎儿滞留等（图 5-224 至图 5-228）。④生殖器官先天性发育异常等。

　　【典型症状与病变】　母兔在性成熟后或产后一段时间内不发情或发情不正常(无发情表现、微弱发情、持续性发情等)，或母兔经屡配或多次人工授精不受胎。母兔过肥，卵巢被脂肪包围排卵受阻（图 5-229）。正在换毛的兔易造成屡配不孕，剖检可见子宫积脓、卵巢肿瘤或生殖器官先天异常等。

图 5-224　子宫内胎儿木乃伊化

（任克良）

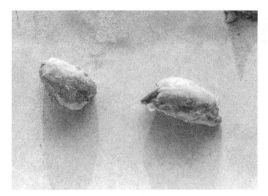

图 5-225　子宫内的死胎

（任克良）

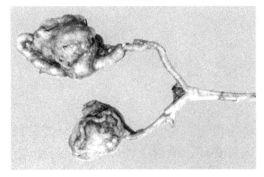

图 5-226　卵巢脓肿（一）

（任克良）

图 5-227　卵巢肿瘤（二）

（任克良）

图 5-228 子宫积脓 图 5-229 肥胖兔卵巢被脂肪包围
(任克良) (任克良)

【防治措施】要根据不孕症的原因制订防治计划，如加强饲养管理，供给全价饲粮，保持种兔正常体况，防止过肥、过瘦，光照充足。掌握发情规律，适时配种。及时治疗或淘汰患生殖器官疾病的种兔。对屡配不孕者应检查子宫状况，有针对性地采取相应措施。

治疗：①过肥的种兔通过降低饲料营养水平或控制饲喂量降低膘情，过瘦的种兔采取增加饲料营养水平或饲喂量，恢复体况。②若因卵巢机能降低而不孕，可试用激素治疗。皮下或肌内注射促卵泡素，每次0.6毫克，用4毫升生理盐水溶解，每日2次，连用3天，于第4天早晨母兔发情后，再于耳静脉处注射2.5毫克促黄体素，之后马上配种。用量一定要准，量过大反而效果不佳。

【诊疗注意事项】对因体况造成的不孕可通过调整营养供应进行治疗。

3.流产和死产

流产是胎儿或（和）母体的生理过程受到破坏所导致的怀孕未足月即排出胎儿，怀孕足月但产出死胎称为死产。

【病因】引起流产的原因很多，主要有机械性、精神性、药物性、营养性、中毒性和疾病性等原因。母兔群体发生流产时要考虑营养性、中毒性和疾病性，如饲料中维生素 A、维生素 E 缺乏，饲料霉变和患有李氏杆菌病等。

一般初产母兔出现死胎的较多。机械性、营养缺乏、中毒和疾病（如沙门氏菌病、妊娠毒血症）等均可引起死产。

【典型症状与病变】多数母兔突然流产，一般无特征表现，只是在兔笼内发现有未足月的胎儿、死胎或仅有血迹才被注意(图 5-230)。发病缓慢者，可见如正常分娩一样的衔草、拉毛营巢等行为，但产出不成形的胎儿。有的胎儿多数被母兔吃掉或掉入笼底板下。流产后母兔精神不振，食欲减退，体温升高，有的母兔在流产过程中死亡。

【诊断要点】发现兔笼底板有未足月的胎儿或仅见

图 5-230　流　产
(兔笼底板上流产的肉块状物，即胎儿)　(任克良)

有血迹，触摸孕兔无胎儿时，即可确诊为本病。

【防治措施】本病关键在于预防，根据病因采取相应的措施。

治疗：发现有流产征兆的母兔可用药物进行保胎，方法是肌内注射黄体酮15毫克。流产母兔易继发阴道炎、子宫炎，应使用磺胺等抗生素类药物控制炎症以防感染；同时应加强怀孕母兔营养，防止其受凉，待其完全恢复健康后才能进行配种。

对于第二窝之后死胎率仍然很高的母兔，在无其他原因的情况下要予以淘汰。

【诊疗注意事项】对于习惯性流产和经常性产死胎的母兔作淘汰处理。

4.难产

难产是孕兔分娩时胎儿不能从母体顺利产出的一种疾病。

【病因】①产力性难产。母兔产力不足，无法排出胎儿，常见于母兔过肥或过瘦、过度繁殖、缺乏运动或年龄过大。②胎儿性难产。与之交配的公兔体型过大，怀孕期营养过剩，胎儿过大，或胎儿异常、畸形，胎势不正等。③生殖器畸形，产道狭窄。骨盆狭小或骨折变形，盆腔肿瘤都可造成产道狭窄引起难产。

【典型症状与病变】怀孕母兔已到产期，拉毛做窝，有子宫阵缩努责等分娩预兆，但不能顺利产出仔兔；或产出部分仔兔后仍起卧不安，鸣叫，频频排尿，也有从阴门流出血水，有时可见胎儿的部分肢体露出阴门外。

【诊断要点】主要根据母兔子宫有阵缩努责等分娩预兆，但不能顺利产出仔兔的症状。

【防治措施】①加强饲养管理，防止母兔过肥或过瘦。②母兔过早交配或过晚交配、繁殖，初产母兔的难产发生率均有不同程度的提高，因此必须适时配种。

③避免近亲繁殖。④母兔产前要加强运动，临产时应保持周围环境绝对安静。

治疗：应根据原因和性质，采取相应治疗措施。①产力不足者，可先往阴道内注入0.5%普鲁卡因2毫升，使子宫颈张开。过5~10分钟再肌内注射催产素5单位，同时配合腹部按摩。使用催产素前胎位必须正确，否则会造成母仔双亡。②如催产素无效、骨盆狭窄、胎头过大及胎位、胎向不正时，可首先进行局部消毒，产道内注入温肥皂水，操作者用手指或助产器械矫正胎位、胎向，将仔兔拉出。如果仍不能拉出胎儿，可进行剖腹产。③死胎造成的难产，可将消毒的人用导尿管插入子宫，用注射器灌入温青霉素生理盐水，直至从阴门流出为度（100~200毫升），一般经30分钟死胎儿可被排出，母兔即恢复正常。

剖腹产手术：仰卧保定母兔，局部消毒并麻醉，在腹部后端至耻骨前缘的腹正中线处切开，取出子宫，用消毒纱布将子宫和腹壁刀口隔开，切开子宫取出胎儿，缝合子宫并纳于腹腔，最后结节缝合腹壁（图5-231）。术后用青霉素肌内注射3~5天，以防感染。对于尚存活的胎儿，应立即打开胎胞，取出胎儿，剪断脐带，擦净身上、鼻孔处的黏液，让仔兔吃到初乳。

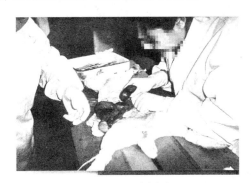

图5-231 剖腹产
（从子宫内取出胎儿）（任克良）

5.产后瘫痪

产后瘫痪是母兔分娩前后突然发生的一种严重代谢性疾病，其特征是由于低血钙而使知觉丧失及四肢瘫痪。

【病因】 饲料中缺钙、频密繁殖、产后缺乏阳光、运动不足和应激是发生产后瘫痪的主要原因，尤其是母兔产后遭受到贼风的侵袭时最易发生。分娩前后消化功能障碍及雌激素分泌过多，也可引起发病。

【典型症状与病变】本病一般发生于母兔产后 2～3 周，有时在 24 小时内发生，个别母兔发生在临产前 2～4 天。发病突然，母兔精神沉郁，坐于角落，惊恐胆小，食欲下降甚至废绝。轻者跛行、半蹲行或匍匐行进；重者四肢向两侧叉开，不能站立（图 5-232）。反射迟钝或消失，全身肌肉无力，严重者全身麻痹，卧地不起。有时出现子宫脱出或出血症状。体温正常或偏低，呼吸慢，泌乳减少或停止。

图 5-232　病兔精神萎靡，后肢麻痹瘫痪，前肢无力
(任克良)

【诊断要点】有行走困难、肢体麻痹、瘫卧等典型症状。血清钙含量明显降低的可下降至每升 70 毫克以下（正常含量为每升 250 毫克）。

【防治措施】对怀孕后期或哺乳期母兔，应供给钙、磷比例适宜和维生素 D 充足的饲粮。

治疗：用 10%葡萄糖酸钙 5～10 毫升、50%葡萄糖 10～20 毫升，混合后一次静脉注射，1 次/天。也可用 10%氯化钙 5～10 毫升与葡萄糖静脉注射。或维丁胶性钙 2.0 毫升，肌内注射。有食欲者饲料中加服糖钙片 1 片，每天 2 次，连续 3～6 天。同时调整饲粮中鱼粉、骨粉和维生素 D 的含量。

【诊疗注意事项】产后瘫痪注意与创伤性脊椎骨折作鉴别，但前者用针刺后肢有明显反应，后者则无反应。

6.乳房炎

乳房炎是家兔乳腺组织的一种炎症性疾病，严重危害繁殖母兔。

【病因】①乳腺过多乳汁的刺激。母兔妊娠末期、哺乳初期大量饲喂精饲料，营养过剩，产仔后乳汁分泌多而稠，或因仔兔少或仔兔弱小不能将乳房中的乳汁吸完，使乳汁在乳房里长时间过量蓄积。②创伤感染。乳房受到机械性损伤后伴有细菌感染，如仔兔啃咬、抓伤、兔笼和产箱进出口的铁丝等尖锐物刺伤等。创伤感染的病原菌主要有金黄色葡萄球菌、链球菌等。③其他传染病时可伴发乳房炎。④兔舍及兔笼卫生条件差也容易诱发本病。

【典型症状与病变】急性乳房炎：病兔精神沉郁，食欲降低或废绝，体温升高，伏卧，拒绝哺乳。病初母兔乳房局部红、肿、热、痛，稍后即呈蓝紫色，甚至呈乌黑色（图 5-233）。若不及时治疗，母兔多在 2～3 天内因败血症而死亡。

慢性乳腺炎：常由急性乳房炎转变而来。病兔一个或多个乳头发炎，局部红、肿、热、痛症状有一定减轻，但触之乳房坚硬，内有肿块，母兔拒绝哺乳。

化脓性乳房炎：多由化脓菌引起或由急性乳房炎转

变而来。化脓性乳房炎表现为乳腺内有单发或多发脓肿（图 5-234）。患部坚硬，患兔步行困难，拒绝哺乳，精神不振，食欲减退，体温可达 40℃以上。剖检可见乳腺区内有大小不等的脓肿，内含白色乳油状脓汁（图 5-235）。有时乳腺内脓肿可在乳房皮肤破溃并向外排出脓汁。

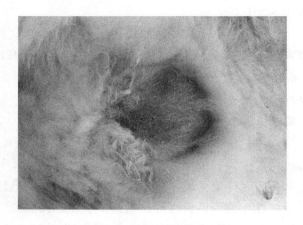

图 5-233　乳房炎（一）

（乳区皮肤呈黑色）（任克良）

图 5-234　乳房炎（二）

（乳头附近的乳腺组织发生脓肿）（任克良）

患乳房炎母兔所产仔兔易发生黄尿病。

【诊断要点】 ①多发生于产后 5~25 天；②仔兔相继死亡或患黄尿病；③有乳房炎的特征症状和病变。

【防治措施】①根据仔兔数量，适当调整母兔产前、产后的精饲料、多汁饲料饲喂量，以防引起乳汁分泌异常(过稠过多或过稀过少)，避免引起乳房炎。②保持兔笼和运动场的清洁卫生，清除尖锐物，特别要保持兔笼和产箱进出口处的光滑，以免损伤乳头。③对本病发生率较高的兔群，除改善饲养管理制度外，给繁殖母兔皮下注射葡萄球菌苗 2 毫升，每年 2 次，可减少本病发生。

图 5-235　乳房炎（三）
（乳腺区内的多发性脓肿，脓肿内含白色奶油状脓汁）　（任克良）

治疗：患病初期 24 小时内先用冷毛巾冷敷，同时挤出乳汁，1 天后用热毛巾进行热敷。每次 15～30 分钟，每日 2～3 次。或涂擦 5%鱼石脂软膏。局部用青霉素普鲁卡因混合液（青霉素 3 万～5 万单位，0.25%普鲁卡因溶液 30～50 毫升）进行封闭注射，患部周围分 4～6 点，皮下注射，可隔 1～2 日再进行封闭 1 次，连续 2～3 次即收效。同时用青霉素、链霉素各 20 万单位进行肌内注射，每天 2 次，连续 3～5 天。如发生脓肿，则需手术排脓。手术治疗虽然可康复，但泌乳机能会受到影响。对于多个乳腺发生的脓肿，最好作淘汰处理。

【诊疗注意事项】诊疗乳腺炎时一定要考虑病因及原发病。

7.阴道脱

本病是阴道壁的一部分或全部翻出于阴门外。

【病因】过度努责或阴道组织松弛，体质虚弱，运动不足及剧烈腹泻等均可引起本病。

【典型症状与病变】 患兔精神不振，食欲下降或废绝。笼底有血迹，后肢、尾部沾有血液，阴门外有呈球形红色组织（阴道）凸出，瘀血、水肿（图5-236和图5-237）。脱出时间较长时翻出的阴道黏膜可发炎或坏死。

图5-236　患兔后肢、尾部沾有血液，阴道脱出、红肿
（任克良）

图5-237　阴门外脱出部瘀血、水肿
（上方为凸出的子宫颈）（任克良）

【诊断要点】产前产后母兔多发，根据症状即可确诊。

【防治措施】加强饲养管理，适当增加光照时间和运动次数。

治疗：先清除阴道黏膜黏附的粪便、兔毛等污物，再用3%温明矾水溶液浸洗脱出部，使其收缩。若脱出时间较长，则用盐水清洗，使其脱水缩小以便整复。清洗后，由助手提起患兔的两后肢，操作者一手轻轻托起脱出部，一手用三指交替地从四周将其仔细推入体内。然后往阴道内放入广谱抗生素1片（如金霉素），并提起后肢将患兔左右摇摆几次，拍击患兔臀部以助收缩复位。最后肌内注射抗生素。

【诊疗注意事项】阴道修复时除严格清洗消毒外，操作时要胆大心细，使其顺利送入，又不至黏膜受损。

8.妊娠毒血症

妊娠毒血症是家兔妊娠末期营养负平衡所致的一种代谢障碍性疾病，有毒代谢产物的作用致使怀孕母兔出现意识和运动机能紊乱等神经症状。主要发生于孕兔产前4~5天或产后。

【病因】病因仍不十分清楚，但妊娠末期营养不足，特别是碳水化合物缺乏时易发生本病，尤以怀胎多且饲喂不足的母兔常见。可能与内分泌机能失调、肥胖和子宫肿瘤等因素有关。

【临床症状与病变】初期病兔精神极度不安，常在兔笼内无意识走动，甚至用头顶撞笼壁，安静时缩成一团，精神沉郁，食欲减退，全身肌肉间歇性震颤，前后肢向两侧伸展（图5-238），有时呈强直痉挛。严重病例出现共济失调，惊厥，昏迷，最后死亡。剖检可见心脏增大，心内外膜均有黄白色条纹，肠系膜脂肪有坏死区（图5-239和图5-240）。肝脏、肾脏肿大，呈黄色。组织上可见明显的肝和肾脂肪变性。

图 5-238　软瘫

（患兔全身无力，四肢不能支持躯体）（任克良）

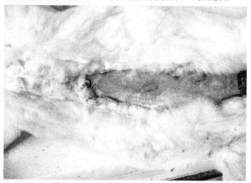

图 5-239　妊娠毒血症

（乳腺分泌旺盛）（任克良）

图 5-240　肠系膜脂肪坏死

（肠系膜脂肪见灰白色坏死区）（任克良）

【诊断要点】 ①本病只发生于母兔，如怀孕母兔与泌乳母兔，其他年龄母兔、公兔不发生。②临诊症状和病理特点。③血液中非蛋白氮显著升高，血糖降低，排蛋白尿。

【防治措施】 合理搭配饲料。妊娠初期适当控制母兔营养，以防过肥；妊娠末期，饲喂富含碳水化合物的全价饲料，避免母兔受到不良刺激，如饲料和环境突然变化等。

治疗：添加葡萄糖可防止妊娠毒血症的发生和发展。治疗的原则是保肝解毒，维护心脏、肾脏功能，提高血糖浓度，降低血脂浓度。发病后口服丙二醇 4.0 毫升，每天 2 次，连用 3~5 天。还可试用肌醇 2.0 毫升、10% 葡萄糖 10.0 毫升、维生素 C 100 毫克，一次静脉注射，每天 1~2 次。肌内注射复合维生素 B 1~2 毫升，有辅助治疗作用。

【诊疗注意事项】 本病治疗效果缓慢，要耐心细致。

（五）内科病

1. 腹泻

腹泻不是独立性疾病，是泛指临床上具有腹泻症状的疾病，其表现是粪便不成球，稀软，呈粥状或水样。

【病因】 ①饲料配方不合理，如精饲料比例过高即高蛋白质、高能量、低纤维。②饲料质量不高。饲料不清洁，混有泥沙、污物等。饲料含水量过多，或兔吃了大量的冰冻饲料。饮水不卫生。③饲料突然更换，饲喂量过多。④兔舍潮湿，温度低，家兔腹部着凉。⑤口腔及牙齿疾病。

此外，引起腹泻的原因还有某些传染病、寄生虫、中毒性疾病和以消化障碍为主的疾病。这些疾病各有其固有症状，并在本书各种疾病中专门介绍，在此不再赘述。

【临床症状与病变】病兔精神沉郁，食欲不振或废绝。饲料配方和饲养管理不当引起的腹泻，病初粪便只是稀、软，但粪便性质未变（图5-241）。如果控制不当，就会诱发细菌性疾病，如大肠杆菌、魏氏梭菌病等，病兔排黏液性、水样粪便等。

图5-241　粪便稀、不成形，但性质未变
（任克良）

【诊断要点】①有饲养管理不当、兔舍温度低等应激史；②粪便不成形，但性质未变。

【防治措施】①饲料配方设计合理，饲料、饮水应卫生、清洁；②变化饲料要逐步进行；③幼兔提倡定时定量饲喂技术；④兔舍要保温、通风、干燥和卫生。

治疗：在消除病因的同时控制饲喂量，不能控制时应及早应用抗生素类药物（如庆大霉素等），以防激发感染。对脱水严重的病兔，可灌服补液盐①，或让病兔自由饮用。

【诊疗注意事项】腹泻种类很多，原因复杂，只有找出病因，有针对性地进行防控措施，才能收到较好的治疗效果。

①补液盐的配方：氯化钠3.52克，碳酸氢钠2.5克，氯化钾1.58克，葡萄糖20克，加凉开水1 000毫升。

2.便秘

便秘是指家兔排粪次数和排粪量减少，排出的粪便干、小、硬，是家兔常见消化系统疾病之一。

【病因】引起家兔便秘除热性病、胃肠弛缓等全身性疾病因素外，饲养管理不当是主要原因，如以颗粒饲料为主，饮水不足；青饲料缺乏；饲料品质差，难以消化；饲喂过多含单宁多的饲料，如高粱等；饲料中食有泥沙或混入兔毛；饲喂不定时，过度贪食。另外，饮水不洁或运动不足等也可诱发本病。

【临床症状与病变】患病初期，病兔精神稍差，食欲减退，喜欢饮水，粪便干、小，两头尖、硬（图5-242）。腹痛腹胀，患兔常头颈弯曲，回顾腹部、肛门，起卧不宁。随着病程的进展，病兔停止排便，腹部膨大，用手触摸可感知有干硬的粪球颗粒，并有明显的触痛。如果不及时采取措施，粪便长期滞留在胃肠会导致自体中毒，或因呼吸困难，心力衰竭而死。剖检发现结肠和直肠内充满干硬成球的粪便，前部肠管积气。

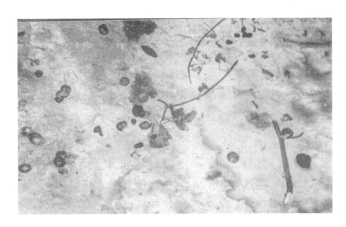

图 5-242　粪便干、小、硬（成年兔）

（任克良）

【诊断要点】根据粪便少、小、硬等可作出诊断。

【防治措施】加强饲养管理，合理搭配青、粗饲料和精饲料，经常供给家兔清洁饮水，饲喂定时定量，加强运动，限量饲喂高粱等易引起便秘的饲料。

治疗：对患兔应及时去除病因，停止喂食，供给清洁饮水，适当增加运动，按摩腹部。治疗时应注意制酵和通便。常用药物有：①人工盐，成年兔5~6克，幼兔减半，加适量温水口服。②植物油，每只每天口服10~20毫升。③石蜡油，成年兔15毫升，幼兔减半，加等量温水口服。④果导片，成年兔每次1片，每天3次。⑤温肥皂水或高锰酸钾水，用人用导尿管灌肠，每次30~40毫升，效果甚佳。

3.中暑

中暑又称日射病或热射病，是家兔因气温过高或烈日暴晒所致的中枢神经系统机能紊乱的一种疾病。家兔汗腺不发达，体表散热慢，极易发生本病。

【病因】①气温持续升高，兔舍通风不良，兔笼内密度过大，散热慢。②炎热季节兔只进行车和船的长途运输，装载过于拥挤，而中途又缺乏饮水。③露天兔舍，遮光设备不完善，兔体长时间受烈日暴晒。

【典型症状与病变】据试验，在35℃条件下，1小时之内家兔即可出现中暑表现。病初患兔精神不振，食欲减少甚至废绝，体温升高。用手触摸全身有灼热感。呼吸加快，结膜潮红（图5-243）。口腔、鼻腔和眼结膜充血，鼻孔周围湿润。卧地，行走举步不稳，摇晃不定（图5-244）。病情严重时，呼吸困难，静脉瘀血，黏膜发绀，从口腔和鼻中流出带血色的液体（图5-245）。病兔常伸腿伏卧，头前伸，下颌着地，四肢间歇性震颤或抽搐，直至死亡。有时则突然虚脱、昏倒，呈现痉挛而迅速死亡。剖检可见胸腺出血，肺部瘀血、水肿，心脏充血、出血，腹腔内有纤维素漏出，肠系膜血管瘀血，肠壁、脑部血管充血（图5-246至图5-251）。触摸腹腔内器官有灼烧感。

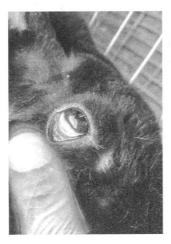

图5-243　结膜充血、潮红
（任克良）

图5-244　临床表现
（卧地，呼吸迫促，鼻孔周围湿润）（任克良）

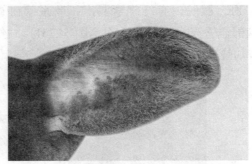

图 5-245　耳静脉瘀血，耳部皮肤呈暗红色

（任克良）

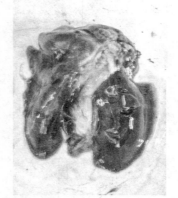

图 5-246　肺瘀血、水肿，呈暗红色

（任克良）

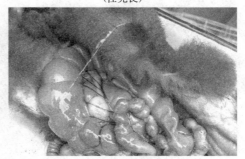

图 5-247　腹腔内有纤维素析出

（任克良）

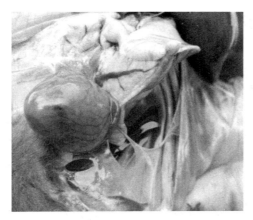

图 5-248　心外膜血管明显扩张，并有出血斑点

（任克良）

图 5-249　大肠壁出血

（任克良）

图 5-250　脑血管充血

（任克良）

图 5-251　肠系膜和肠壁血管怒张充血，肠祥有少量纤维素附着

(任克良)

【诊断要点】长毛兔、獭兔、怀孕兔易发。根据长时间高温环境及典型症状与病变可作出诊断。

【防治措施】当气温超过 35℃时，通过打开通风设备、用冷水喷洒地面、降低饲养密度等措施，以增加兔舍通风量，降低舍温。露天兔舍应加棚降温。

治疗：首先将病兔置于阴凉通风处，用电风扇微风降温；或在头部、体躯上敷以冷水浸湿的毛巾或冰块，每隔数分钟更换一次，以加速体热散发。药物治疗，可用十滴水 2~3 滴，加温水灌服，或仁丹 2~3 粒。20%甘露醇注射液或 25%山梨醇注射液，每次 10 ~ 30 毫升，静脉注射。

4.肠套叠

肠套叠是指在某些致病因素的刺激作用下，某段肠管蠕动异常增强并进入相邻段肠管，引起局部肠管阻塞和形态与机能变化的病理过程。

【病因】家兔采食冰冻饲料、冰块，或受寒、感冒、惊恐、肠道异物等刺激，以及发生其他疾病（如兔瘟等）时引起。

【典型症状与病变】肠套叠一旦发生，兔会突然出现剧烈腹痛症状，表现不安，起卧，打滚，呼吸困难，脉搏加快，并迅速继发胃肠臌气，最后精神沉郁。可能排黏性血便。触诊时感到腹肌紧张，套叠段肠管硬实、敏感、疼痛。剖检可见套叠部肠段紫红、肿胀，有炎症变化（图 5-252 至图 5-254）。套叠消化道前段臌气，充满食糜。

【诊断要点】生前根据典型症状和触诊一般可作出诊断，剖检可确诊。

图 5-252　小肠套叠处肠壁增厚，有出血点

（任克良）

图 5-253　套叠段肠管增粗、质硬、瘀血

（任克良）

图 5-254　刚修复后的原套叠部小肠，
仍有瘀血、水肿病变
(任克良)

【防治措施】　保持兔舍安静。冬季防止家兔吞食冰冻饲料和冰块，注意保暖。

治疗：以手术为主。病初肠管病变较轻时，可整复套叠段肠管后调理胃肠机能。病程稍长，套叠段肠管已坏死粘连而无法整复者，应将其截断并进行肠管吻合。因肿瘤或异物引起的，要同时摘除肿病和排出异物。术后应用抗生素治疗，连用 3 天，以防感染。

【诊疗注意事项】　生前易和其他肠变位的症状混淆，注意鉴别。

(六) 外科病

1.结膜炎

结膜炎是指眼睑结膜、眼球结膜的炎症性疾病，规模兔场较为常见。

【病因】　①机械性因素，如灰尘、沙土或草屑等异物进入眼中，眼睑外伤，寄生虫的寄生等。②理化因素，兔舍密闭，饲养密度大，不及时清除粪、尿，通风条件不好，致使兔舍内空气污浊，氨气等有害气体刺激兔眼；另外，还有化学消毒剂、强光直射及高温刺激。③饲粮中缺乏维生素 A，兔感染了巴氏杆菌等。

【典型症状与病变】病初，结膜轻度潮红、肿胀，流出少量浆液性分泌物。随后则流出大量黏液性分泌物，眼睑闭合，下眼睑及两颊被毛湿润或脱落，眼多有痒感（图 5-255）。如不及时治疗，时常发展为化脓性结膜炎，眼睑结膜严重充血、肿胀，从眼中排出或在结膜囊内积聚多量黄白色脓性分泌物，上下眼睑无法睁开。如炎症侵害角膜，可引起角膜浑浊，溃疡，甚至造成家兔失明（图 5-256 和图 5-257）。

【诊断要点】 根据眼的症状和病变可作出诊断。

【防治措施】保持兔舍、兔笼清洁卫生，及时清除粪、尿，增加通风量。用化学药物消毒时要注意消毒剂的浓度及消毒时间，防止有害气体对兔眼的刺激。避免阳光直射。经常给兔饲喂富含维生素 A 的饲料，如胡萝卜、青草等。及时治疗巴氏杆菌病等。

图 5-255　急性结膜炎
（眼结膜充血、眼睑肿胀，并附有白色脓性分泌物，上、下眼睑难以张开）（任克良）

图 5-256　化脓性结膜炎

（结膜囊中充满大量白色脓性分泌物）（任克良）

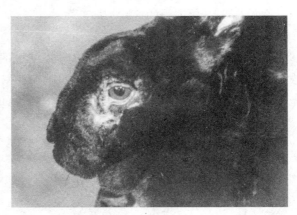

图 5-257　结膜炎

（结膜炎长期不愈，眼眶下被毛脱离）（任克良）

　　治疗：首先要消除病因，用无刺激的防腐、消毒、收敛药液清洗患眼，如 2%～3%硼酸溶液等。清洗之后选用抗菌消炎药物滴眼或涂敷，如 0.5%金霉素眼药水、0.5%土霉素眼膏、四环素考的松眼膏、0.5%氢化考的松眼药水、10%磺胺醋酰钠溶液等。分泌物过多时，可用0.25%硫酸锌眼药水。对角膜混浊，可涂敷 1%黄氧化汞软膏，或将甘汞和葡萄糖等量混匀吹入眼内。为了镇痛，可用 1%~3%普鲁卡因溶液滴眼。重者可同时进行全身治疗，如应用抗生素或磺胺药物等。

【诊疗注意事项】注意非传染性结膜炎与传染性结膜炎的鉴别。传染病伴发的结膜炎，应同时对原发病进行治疗。

2.角膜炎

角膜炎主要是指角膜的病变，即以角膜混浊、溃疡或穿孔，角膜周边形成新生血管为特征。

【病因】机械性损伤、眼球突出或泪缺乏等，是引起浅表性角膜炎或溃疡性角膜炎的主要原因。

【典型症状与病变】浅表性角膜炎早期，患眼羞明，角膜上皮缺损或混浊（图5-258和图5-259），有少量浆液黏液性分泌物；若治疗不当或继发细菌感染，则容易形成溃疡，即溃疡性角膜炎（图5-260）。角膜缺损或溃疡恶化，常表现为后弹力层膨出（图5-261），进而可发展为角膜穿孔和虹膜前粘连，以至于视力丧失。间质性角膜炎大多呈深在性弥漫性混浊，透明性呈不同程度的降低。

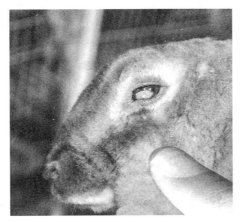

图5-258　浅表性角膜炎
（左眼角膜浅表性炎症）（任克良）

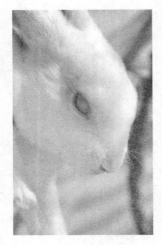

图 5-259　角膜白斑

(任克良)

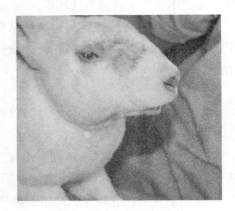

图 5-260　化脓性角膜炎

(右眼呈典型化脓性角膜炎)(任克良)

图 5-261　患兔眼后弹力层膨出

(左眼后弹力层呈膨出状)(任克良)

【诊断要点】浅表性角膜炎和溃疡性角膜炎症状典型，容易诊断。

【防治措施】对浅表性角膜炎（无明显角膜损伤），可用复方新霉素眼药水或点必舒滴眼液等滴眼，每天滴眼 3~4 次；对于角膜损伤或溃疡，可用半胱氨酸滴眼液配合角膜宁、贝复舒或爱丽眼药水滴眼；对于间质性角膜炎，要分析病因和采取针对性治疗方法。

【诊疗注意事项】诊断时要注意对浅表性角膜炎和间质性角膜炎作区别。浅表性角膜炎因表面混浊而失去透明层；间质性角膜炎一般少见眼分泌物，从患眼侧面视诊，可见角膜表面被有完整上皮与泪腺构成的透明层。两者病因不同，正确鉴别有助于合理治疗。对于角膜缺失或溃疡的病例，禁用含皮质类固醇的眼药水，因其影响角膜上皮和基质再生，不利于愈合，容易引起角膜穿孔。

3.溃疡性脚皮炎

溃疡性脚皮炎是指家兔跖骨部的底面，以及掌骨、指骨部的侧面所发生的损伤性溃疡性皮炎。獭兔极易发生。

【病因】笼底板粗糙、高低不平，金属底网铁丝太细、凸凹不平，兔舍过度潮湿均易引发本病。神经过敏及脚毛不丰厚的成年兔、大型兔种较易发生。

【典型症状与病变】患兔食欲下降，体重减轻，驼背，呈踩高跷步样，四肢频频交换支持负重。跖骨部底面或掌部侧面皮肤上覆盖干燥硬痂或大小不等的局限性溃疡（图5-262至图5-264）。溃疡部可继发细菌感染，有时在痂皮下发生脓肿（多因金黄色葡萄球菌感染引起）。

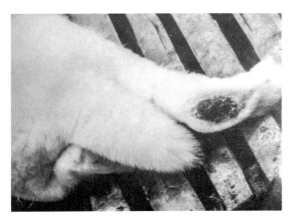

图5-262　跖骨部底面皮肤破溃并出血

（任克良）

图 5-263　后肢跖骨部底面皮肤多处发生
　　　　　　溃疡、结痂
　　　　　　（任克良）

图 5-264　前肢掌心皮肤发生溃
　　　　　　疡、结痂
　　　　　　（任克良）

【诊断要点】　獭兔易感，笼底制作不规范的兔群易
发。后肢多发。有上述典型症状与病变。

【防治措施】　兔笼地板以竹板为好，笼地要平整，
竹板上无钉头外露，笼内无锐利物等。保持兔笼、产箱
内清洁、卫生、干燥。选择脚毛丰厚者作种用。

治疗时，先将患兔放在铺有干燥、柔软的垫草或木
板的笼内。治疗方法有：①用橡皮膏围病灶重复缠绕（尽
量放松缠绕），然后用手轻握压，压实重叠橡皮膏，20～
30 天可自愈。②先用 0.2%醋酸铝溶液冲洗患部，清除坏
死组织，并涂擦 15%氧化锌软膏或土霉素软膏。当溃疡
开始愈后时，可涂擦 5%龙胆紫溶液。如病变部形成脓
肿，应按外科常规排脓后用抗生素药物进行治疗。

【诊疗注意事项】局部治疗应和全身治疗结合。

4.创伤性脊椎骨折

【病因】捕捉、保定方法不当，长途运输，以及兔受惊乱窜或从高处跌落等原因均可使腰椎骨折、腰荐脱位。

【典型症状与病变】患兔后躯完全或部分运动突然麻痹，拖着后肢行走（图5-265）。脊髓受损，肛门和膀胱括约肌失控，大小便失禁，臀部被粪、尿污染（图5-266和图5-267）。轻微受损时，也可于较短的时间内恢复。剖检见脊椎某段受损断裂，局部有充血、出血、水肿和炎症等变化，膀胱因积尿而胀大（图5-268和图5-269）。

【诊断要点】突然发病，症状明显，剖检时间椎骨局部有明显病变，骨折常发生在第七椎体或第七腰椎后侧关节突。

图5-265　患兔后肢瘫痪，拖着后肢行走

（任克良）

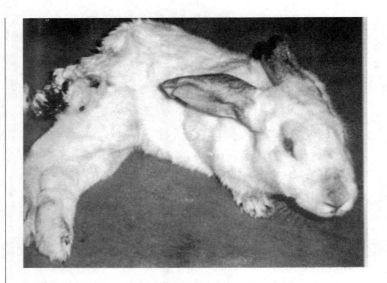

图 5-266　脊髓受损，后肢瘫痪
（任克良）

图 5-267　粪尿失禁，玷污臀部
（任克良）

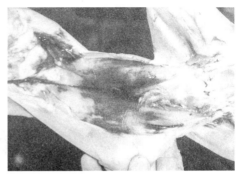

图 5-268　腰椎骨折断处明显
出血，膀胱积尿
（任克良）

图 5-269　腰椎骨折断，瘀血、出血
（任克良）

【防治措施】本病无有效的治疗方法，以预防为主。①保持舍内安静，防止生人、其他动物(如狗、猫等)进入兔舍。②正确抓兔和保定兔，切忌抓腰部或提后肢。③关好笼门，防止兔掉落。

5.直肠脱与脱肛

直肠脱是指直肠后段全层脱出于肛门之外，若仅直肠后段黏膜突出于肛门外则称为脱肛。

【病因】本病的主要原因是慢性便秘、长期腹泻、直肠炎及其他使兔体经常努责的疾病。营养不良，年老体弱，长期患某些慢性消耗性疾病与某些维生素缺乏等是本病发生的诱因。

【典型症状与病变】病初仅在排便后见少量直肠黏膜外翻，呈球状，为紫红或鲜红色（图 5-270），但常能自行恢复。如进一步发展，脱出部不能自行恢复，且增多、变大，使直肠全层脱出而成为直肠脱（图 5-271 至图 5-273）。直肠脱多呈棒状，黏膜组织水肿、瘀血，呈暗红色或青紫色，易出血。表面常附有兔毛、粪便和草屑等污物。随后黏膜坏死、结痂。严重者导致排粪困难，体温、食欲等均有明显变化，如不及时治疗可引起死亡。

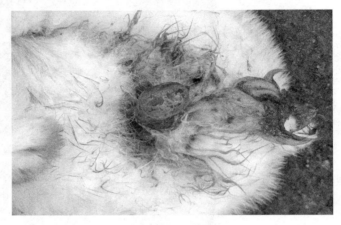

图 5-270　脱肛

（直肠后段黏膜突出于肛门外，呈紫红色，椭圆形，

组织水肿，表面溃烂）（任克良）

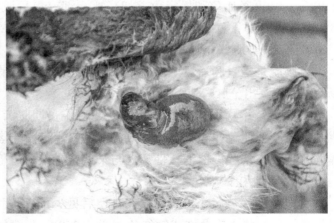

图 5-271　直肠脱（一）

（脱出物坏死）（任克良）

图 5-272　直肠脱（二）
(任克良)

图 5-273　直肠脱（三）
(离体的直肠和脱出的直肠)（任克良）

【诊断要点】根据症状和病变即可确诊。

【防治措施】加强饲养管理，适当增加光照和运动，保持兔舍清洁干燥，及时治疗消化系统疾病。

治疗：轻者，用0.1%新洁尔灭液等清洗消毒后，提起后肢，由手指送入肛门复位。当出现严重水肿、部分黏膜坏死时，清洗消毒后小心除去坏死组织，轻轻整复。整复困难时，用注射针头刺水肿部，用浸有高渗液的温纱布包裹，并稍用力压挤出水肿液，再行整复。为防止再次脱出，整复后肛门周围做袋口包缝合，但要注意松紧适度，以不影响排便为宜。为防止剧烈努责，可在肛门上方与尾椎之间注射1%盐酸普鲁卡因液3~5毫升。若脱出部坏死，糜烂严重，无法整复，则行切除手术或淘汰。

【诊疗注意事项】治疗和修复后都应保持兔笼清洁和兔舍安静，以防感染和复发。

（七）肿瘤病

1.子宫腺癌

子宫腺癌是家兔较重要的恶性肿瘤之一，癌组织起源于子宫黏膜的腺上皮。

【病因】不够清楚。可能有多种原因，包括各种因素造成的内分泌紊乱等。本病的发生与母兔的经产程度无关，主要与年龄相关。

【典型症状与病变】多发生于4岁以上的老龄兔。病初兔很少表现临诊症状，以后出现慢性消瘦和繁殖障碍，如受胎率下降、窝产仔数减少、死胎增多、母兔弃仔、难产、整窝胎儿潴留在子宫内、子宫外孕和胎儿在子宫内被吸收等。腹部触诊可摸到大小不等的肿块，其直径1~5厘米或更大。剖检可见子宫黏膜有一个或数个大小不等的肿瘤。瘤体多呈圆形，色淡红或灰红，质地坚实（图5-274左），后期可在肺、肾上等其他脏器看到转移性的肿瘤（图5-274右）。

【诊断要点】根据症状可怀疑本病，但确诊必须依据病理学检查。

【防治措施】建立合理的兔群结构，淘汰老龄母兔。对有繁殖障碍的母兔进行触摸检查，如怀疑本病，可予以淘汰。

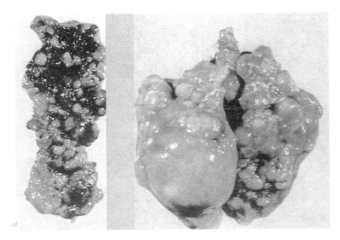

图 5-274　子宫腺癌

（左图为子宫腺癌：子宫黏膜有多发性癌瘤，其形圆、
色灰红。右图为肺转移瘤：肺因大量转移瘤的生长而
变形）（Mouwen JMUM 等）

2.成肾细胞瘤

成肾细胞瘤又称肾母细胞瘤、肾胚瘤，是家兔尤其是未成年家兔较常见的一种肿瘤病，该病在有的兔肉加工厂检出率可高达 1% 以上。

【病因】　病因不详。但可能与遗传因素有关，有家族性，发生率可达 25.6%。

【典型症状与病变】　无明显的临诊症状，或有泌尿功能障碍症状。各年龄兔均有发生，幼兔多发。触诊在肾区可摸到肿块。剖检可见肿瘤发生于一侧肾脏，也可见于两侧，呈圆形或结节状突出于肾皮质表面，质地均匀，有包膜（图 5-275），切面色灰红或灰白，均匀致密，有时可见到小囊腔、出血、坏死。正常肾组织因肿瘤压迫而萎缩，甚至几乎消失（图 5-276 和图 5-277）。组织上可见肿瘤主要由肾小球和肾小管样结构的组织所构成（图 5-278）。

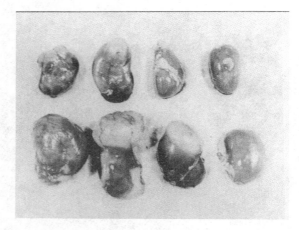

图 5-275　成肾细胞瘤的常发部位在肾脏前
　　　　　端，但也见于后端
　　　　　　　　　　　　（丁良骐）

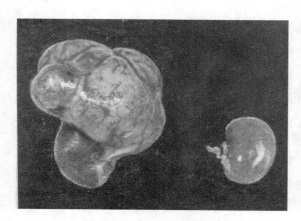

图 5-276　肾脏前端有一个较大成肾细胞瘤团
　　　　　形成，右侧围大小正常的肾脏
　　　　　　　　　　　（丁良骐）

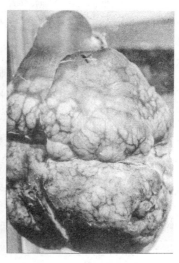

图 5-277　成肾细胞瘤
（肿瘤生长迅速，瘤团很大，表面
呈结节状，有丰富的血管分布，
肾脏几乎消失）　（陈可毅）

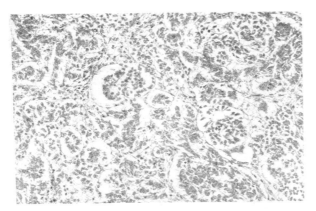

图 5-278　成肾细胞瘤
（瘤组织主要由肾小球和肾小管样结构的低分化瘤细胞
构成，间质为不多的纤维瘤样组织）（陈怀涛）

【诊断要点】根据触诊可以怀疑，但确诊需依靠病理学检查。

【防治措施】如肿瘤位于一侧，且能触摸到时，可试用外科手术，打开腹腔，将肿瘤与剩余的肾组织全部割除。如触摸两肾均有肿瘤，则应淘汰。

【诊疗注意事项】本肿瘤在兔屠宰后或病死后发现，生前很难作出诊断。在多数情况下不进行手术治疗。

3.淋巴肉瘤

淋巴肉瘤是起源于淋巴组织的一种恶性肿瘤。

【病因】近年研究证明，本病的发生率与遗传有关，是一种常染色体隐性基因（LS）在纯合形成过程中，把淋巴肉瘤的易感性垂直传递给后代而导致的疾病。此外，也可能与其他因素有关。

【典型症状与病变】本病较多发生于幼年兔和青年兔，以 6～18 月龄的兔更为易发。临床诊断主要表现：贫血，中性粒细胞减少，而未成熟的淋巴细胞大量增加，血红蛋白质降低。剖检见多处淋巴结肿大、色灰白，消化道的淋巴滤泡和淋巴集结明显肿大。脾肿大，切面有灰白色颗粒状结节。肾肿大，表面常有白色斑块和隆起，从切面可见这些病变主要位于皮质（图5-279）。肝肿大，表面有灰白色区和结节。胃、扁桃体、卵巢、肾上腺也常出现肿瘤性病变。

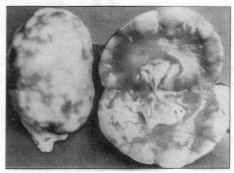

图 5-279 淋巴肉瘤

（肾脏有许多灰白色淋巴肉瘤结节。左：肾表面；右：肾切面，肿瘤结节主要位于皮质）（范国雄）

【诊断要点】①血象变化；②病理变化。

【防治措施】淋巴肉瘤的发生率与遗传因素有关，因此要加强选种，淘汰病兔。

（八）遗传性疾病

1. 牙齿生长异常

牙齿生长异常是指牙齿生长过长并变形，从而影响采食的一种疾病。

【病因】遗传因素；饲养不合理，如只喂粉料、牙齿不能经常磨损而过度生长等；饲料中缺钙。

【临床症状与病变】各种兔均可发生，青年兔多发，上、下门齿或二者均过长，且不能咬合。下门齿常向上、向嘴外伸出，上门齿向内弯曲，常刺破牙龈、嘴唇黏膜和流涎（图 5-280 至图 5-282）。患兔因不能正常采食，消瘦，营养不良。若不及时处理，最终因衰竭而死亡。

图 5-280　下门齿过度生长，伸向口外，
　　　　　兔无法采食
　　　　　　　　（任克良）

图 5-281　上、下门齿均过度生长
　　　　　并弯曲，不能咬合
　　　　　　　　（任克良）

图 5-282　流涎
（牙齿生长异常的个体，有明显的流涎症状，
胸部大片被毛被浸湿）　（任克良）

【诊断要点】根据牙齿过长变形病变即可确诊。

【防治措施】①防止近亲交配。②淘汰兔群中的畸形兔。③推广颗粒饲料喂兔。用粉料喂兔时，每天需给兔笼中放置一些带皮的新鲜树枝等，让兔自由啃咬。④饲粮中添加富含钙的饲料。

治疗：种兔或达出栏标准的商品兔及时淘汰。幼龄兔可用钳子或剪刀定期将门齿过长的部分剪下，断端磨光，达出栏标准时淘汰。

2.牛眼

本病又称水眼。是家兔中较常见的遗传性疾病之一。

【病因】可能是一种常染色体隐性遗传。家兔饲料中缺乏维生素 A 时易发。

【典型症状与病变】5 月龄左右兔易发，单侧或双侧发生。患兔眼前房增大，角膜清晰或轻微混浊，随后失去光泽，逐渐混浊，结膜发炎，眼球突出和增大像牛眼一样（图 5-283）。

图 5-283　患兔眼大而突出，似牛眼

(任克良)

【诊断要点】根据病因和特征，对眼部病理变化可作出确诊。

【防治措施】供给富含维生素A的饲料；病兔不作种用；适时淘汰。

3.脑积水

【病因】①遗传因素，具有不完全显性的常染色体性状。②营养因素，如维生素A缺乏等。

【临床症状与病变】患病仔兔、幼兔脑门突出，似"脓疱"，常与无眼畸形、小眼畸形、眼球异位、虹膜和脉络膜缺损及白内障同时发生（图5-284至图5-286）。患兔较同窝的兔弱小，抗病力差。剖检见脑部有大量的积水。

【诊断要点】根据脑膨大，用手触摸有水样波动感即可诊断。

【防治措施】制订科学的繁殖计划，避免近亲繁殖，淘汰有症状的兔。

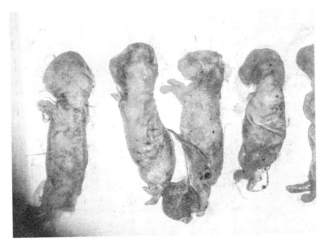

图5-284 初生仔兔脑颅膨大

(任克良)

图 5-285　脑门突出，颅骨变薄，按压有弹性

（任克良）

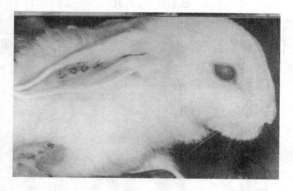

图 5-286　脑部膨大，伴有眼疾

（任克良）

4.黄脂

黄脂是指体内脂肪呈黄色的病理变化，其发生与遗传及食入某些富含黄色素的饲料（如黄玉米、胡萝卜素等）有关。黄脂对肉质外观和加工特性有一定的影响。

【病因】黄脂是一种隐性遗传性疾病。发生黄色纯合子隐性基因的家兔，肝脏中缺乏一种叶黄素代谢所必需的酶，因此饲粮中胡萝卜类色素群在体内不断贮藏，造成黄脂。黄脂的遗传性是与代表被毛颜色的 B 位点和 C 位点相连接的。

【典型症状与病变】生前无临诊症状，一般在剖检时才被发现。对黄脂纯合子兔，脂肪的颜色因饲料中胡萝卜类色素群含量水平不同而不同，可从淡黄色到橘黄色（图 5-287）。

【防治措施】其后代不能留作种用，作淘汰处理。

【诊疗注意事项】本病只有在兔宰后检查才可作出诊断。

5.畸形

畸形是动物在胚胎发育过程中受到某些致病因素的作用而产生的形态结构异常的个体。

【病因】引起畸形的原因除了有遗传基因突变外，环境污染、病毒、营养缺乏、药物等也可引起。

【典型症状与病变】畸形表现多种多样，较常见的有连体畸形，"象鼻"畸形，外生殖器畸形，泌尿系统畸形，无眼珠、无乳房畸形，神经系统畸形和内脏器官的缺失，如胆囊异常大、缺失、无蚓突等（图 5-288 至图 5-295）。

图 5-287　黄脂
（脂肪呈淡黄色）（任克良）

图 5-288　连体胎儿畸形
（薛帮群）

233

图 5-289 "象鼻"畸形
（任克良）

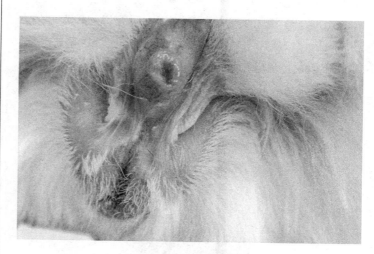

图 5-290 外生殖器畸形
（外生殖器形似公兔，但无睾丸，腹腔内亦无卵
巢等雌雄生殖器官）（任克良）

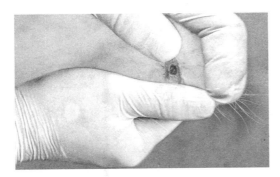

图 5-291　无眼珠

（任克良）

图 5-292　畸形

（一只兔镶嵌在另一只兔体内）（任克良）

图 5-293　胆囊异常大

（任克良）

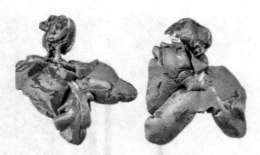

图 5-294　胆囊缺失

（左侧为正常肝脏，右侧肝无胆囊）　（任克良）

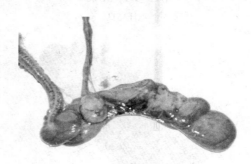

图 5-295　盲肠无蚓突

（薛帮群）

【防治措施】①防止近亲繁殖。认真检查母兔健康状况，发现疾病时要等治愈后才能配种。②按照国家相关标准使用药物，严禁使用违禁药物。

【诊疗注意事项】对患兔适时淘汰。

6.开张腿

开张腿又称八字腿，是指兔的一条或全部腿缺乏内收力的站立状态。

【病因】开张腿是一种描述症状的术语，其本质包括脊髓空洞症、盆骨发育不良、股骨脱臼和遗传性前肢远端弯曲等。除遗传因素（如近交繁殖）外，兔笼过小或笼底竹板方向与笼门平行也可致兔出现开张腿。

【典型症状】患兔不能把一条腿或所有腿收到腹下，行走时姿势像"划水"一样，无力站起，总以腹部着地躺着（图5-296）。症状轻者可作短距离的滑行，病情较重时则引起瘫痪，患兔采食量大，但增重慢。

图 5-296　四肢向外伸展，腹部着地
(任克良)

【诊断要点】根据典型症状即可作出诊断。

【防治措施】①避免近交繁殖。②兔笼底竹板方向应与笼门相垂直，兔笼面积不宜太小。③淘汰患兔。如病情轻微，可在笼底垫以塑料网，或许能控制疾病的发展。

主要参考文献

任克良，陈怀涛，2014. 兔病诊疗原色图谱 [M] . 第二版. 北京：中国农业出版社.

王永坤，刘秀梵，符敖齐，1990. 兔病防治[M] . 上海：上海科学技术出版社.

蒋金书，1991. 兔病学 [M] . 北京：北京农业大学出版社.

谷子林，秦应和，任克良，2013. 中国养兔学[M] . 北京：中国农业出版社.

任克良，2008. 兔场兽医师手册 [M] . 北京：金盾出版社.

任克良，2012. 兔病诊断与防治原色图谱 [M] . 第二版. 北京：金盾出版社.

任克良，秦应和，2010. 轻轻松松学养兔[M] . 北京：中国农业出版社.